计算机培训系列教材

中文
Photoshop CS3
图像处理教程

周静 编

「职场」直通车

- 一流专家及资深培训教师精心策划编写
- 全力打造国内精品教材畅销品牌
- 内容全面 范例精美 结构合理 图文并茂
- 讲练结合 可操作性强
- 面向实际操作 切合职业应用需求
- 帮助读者快速掌握实践技巧

西北工业大学出版社

【内容简介】 本书为"职场直通车"计算机培训系列教材之一，主要内容包括中文 Photoshop CS3 的基础知识、选区的创建与编辑、描绘与修饰图像、图层的应用、路径与形状的应用、文字的编辑与处理、调整图像色彩、通道与蒙版的使用、滤镜的应用、图像自动化处理以及综合实例应用。章后附有本章小结及过关练习，使读者在学习时更加得心应手，做到学以致用。

本书结构合理，内容系统全面，讲解由浅入深，实例丰富实用，既可作为大中专院校 Photoshop 课程教材，也可作为社会培训班实用技术的培训教材，同时也可供平面设计爱好者自学参考。

图书在版编目（CIP）数据

中文 Photoshop CS3 图像处理教程/周静编．—西安：西北工业大学出版社，2010.7
"职场直通车"计算机培训系列教材
ISBN 978-7-5612-2835-7

Ⅰ．①中…　　Ⅱ．①周…　　Ⅲ．①图形软件，Photoshop CS3—技术培训—教材　　Ⅳ．①TP391.41

中国版本图书馆 CIP 数据核字（2010）第 133241 号

出版发行：西北工业大学出版社
通信地址：西安市友谊西路 127 号　　　　邮编：710072
电　　话：（029）88493844　88491757
网　　址：www.nwpup.com
电子邮箱：computer@nwpup.com
印 刷 者：陕西兴平报社印刷厂
开　　本：787 mm×1 092 mm　　1/16
印　　张：17
字　　数：451 千字
版　　次：2010 年 7 月第 1 版　　　2010 年 7 月第 1 次印刷
定　　价：29.00 元

前　言

首先，感谢您在茫茫书海中翻阅此书！

对于任何知识的学习，最终都要达到学以致用的目的，尤其是对计算机相关知识的学习效果，更能在日常工作中得以体现。相信大多数读者常常会有这样的感觉，那就是某个软件的基础命令都会用，但就是难以解决工作中遇到的实际问题。有时，尽管有了很好的想法和创意，却不能用学过的软件知识得以顺利的实现，归根结底，就是理论与实践不能很好地结合。

现在，我们就立足于软件基础知识和实际应用推出了本书。全书内容安排系统全面，结构布局合理紧凑，真正做到难易结合，循序渐进，以便于读者理解和掌握。在图书的编排上以基础理论为指导，以职业应用为目标，将知识点融入每个实例中，力争使读者用较短的时间和较少的花费学到最多的知识，实现放下书本就能上岗。

本书内容

Photoshop 是 Adobe 公司推出的一款使用广泛、功能强大的图形图像处理软件，Photoshop CS3 是该软件的新版本。它的成功之处在于操作界面的简单灵活和功能的不断完善，在界面基本保持不变的情况下，对许多菜单命令、工具按钮和面板组件等进行整合，使界面更加简洁和一致，广泛应用在图像创意、特效文字制作、照片修整及处理、广告设计、商业插画制作、影像合成和各种效果图后期处理等领域。

全书共分 12 章。其中前 11 章主要介绍 Photoshop CS3 的基础知识和基本操作，使读者初步掌握图像处理的相关知识。第 12 章列举了几个有代表性的综合实例，通过理论联系实际，希望读者能够举一反三、学以致用，进一步巩固所学的知识。

本书特点

★ 精选常用软件，重在易教易学

本书选取市场上最普遍、最易掌握的应用软件的中文版本，突出"易教学、易操作"的特点。

★ 突出职业应用，快速培养人才

本书以培养计算机技能型人才为目的，采用"基础知识+典型实例+综合实例"的编写模式，内容系统全面，由浅入深，循序渐进，将知识点与实例紧密结合，便于读者学习掌握。

★ 精锐技巧点拨，实例经典实用

书中涵盖大量"注意""提示"和"技巧"点拨模块，并配有经典的综合实例，使读者对书中的知识点有更加深入的了解和掌握，全面提升操作能力，并最终将所学的知识应用到工作实践中。

★ 全新编写模式，以利教学培训

本书通过全新的模式进行讲解，注重实际操作能力的提高，将教学、训练、应用三者有机结合，增强读者的就业竞争力。

读者定位

本书针对各大中专院校师生和平面设计的初、中级读者编写。旨在让初学者快速入门，让中级水平的读者快速提高。针对明确的读者定位，书中的插图也做了详细、直观、清晰的标注，便于阅读，使读者学习更加轻松，切实掌握实用、常用的技能，最终放下书本就能上岗，真正具备就业本领。

本书力求严谨细致，但由于编者水平有限，书中难免出现疏漏与不妥之处，敬请广大读者批评指正。

编　者

目　录

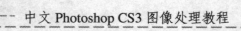

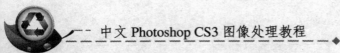

第1章 Photoshop CS3 快速入门

章前导航

本章主要对 Photoshop CS3 的功能、操作界面及图像处理相关知识等进行讲解，使用户对 Photoshop CS3 有一个整体的印象，为以后的学习和具体应用奠定坚实的基础。

本章要点

➡ Photoshop 功能简介

➡ Photoshop CS3 的启动与退出

➡ Photoshop CS3 的工作界面

➡ 图像处理相关知识

1.1　Photoshop 功能简介

Photoshop CS3 是一款与平面设计联系最为密切的图像处理软件。利用它可以绘制简单的几何图形、给黑白照片上色、进行图像格式和颜色模式的转换，改变图像的尺寸、分辨率，也可以创作出一些想象出来的超现实的图像作品。

1.1.1　Photoshop 的基本功能

Photoshop 的功能十分强大。它可以支持多种图像格式，也可以对图像进行修复、调整以及绘制。综合使用 Photoshop 的各种图像处理技术，如各种工具、图层、通道、蒙版与滤镜等，可以制作出丰富多彩的图像效果。

1. 丰富的图像文件格式

作为常用的图像处理软件，Photoshop 支持各种图像格式的文件。这些图像格式包括 PSD，EPS，TIFF，JPEG，BMP，PCX 和 PDF 等。利用 Photoshop 可以将某种图像格式另存为其他图像格式，从而实现图像格式之间的相互转换。

2. 选取功能

Photoshop 可以在图像内对某区域进行选择，并对所选区域进行移动、复制、删除、改变大小等操作。选择区域时，利用矩形选框工具或椭圆选框工具可以实现规则区域的选取；利用套索工具可以实现不规则区域的选取；利用魔棒工具或色彩范围命令则可以对相似或相同颜色的区域进行选取，可结合"Shift"键或"Alt"键增加或减少某区域的选取。

3. 图案生成器滤镜

图案生成器滤镜可以通过选取简单的图像区域来创建现实或抽象的图案。由于 Photoshop 采用了随机模拟和复杂分析技术，因此可以得到无重复并且无缝拼接的图案，也可以调整图案的尺寸、拼接平滑度、偏移位置等。

4. 修饰图像功能

利用 Photoshop 提供的加深工具、减淡工具与海绵工具可以有选择地调整图像的颜色/饱和度或曝光度；利用锐化工具、模糊工具与涂抹工具可以使图像产生特殊的效果；利用图章工具可以将图像中某区域的内容复制到其他位置；利用修复画笔工具可以轻松地消除图像中的划痕或蒙尘区域，并保留其纹理、阴影等效果。

5. 多种颜色模式

Photoshop 支持多种图像的颜色模式，包括位图模式、灰度模式、双色调、RGB 模式、CMYK 模式、索引颜色模式、Lab 模式、多通道模式等，同时还可以灵活地进行各种模式之间的转换。

6. 色调与色彩功能

在 Photoshop 中，利用色调与色彩功能可以很容易地调整图像的明亮度、饱和度、对比度和色相。

7．旋转与变形

利用 Photoshop 中的旋转与变形功能可以对图层或选择区域中的图像以及路径对象进行旋转与翻转，也可对其进行缩放、倾斜、自由变形与拉伸等操作。

8．滤镜功能

利用 Photoshop 提供的多种不同类型的内置滤镜，可以对图像制作各种特殊的效果，例如，打开一幅图像，为其应用水彩滤镜，效果如图 1.1.1 所示。

图 1.1.1　应用水彩滤镜前后的效果对比

9．图层、通道与蒙版

利用 Photoshop 提供的图层、通道与蒙版功能可以使图像的处理更为方便。通过对图层进行编辑，如合并、复制、移动、合成和翻转，可以产生许多特殊效果。利用通道可以更加方便地调整图像的颜色。而使用蒙版，则可以精确地创建选择区域，并进行存储或载入选区等操作。

1.1.2　Photoshop CS3 的新增功能

同以前的版本相比，Photoshop CS3 新增了许多功能。首先是窗口有了改进，特别是对文件浏览器与 ImageReady 做了较大的调整，同时在保持原有风格的基础上，对工作界面和菜单命令也进行了新的调整，使其结构更加合理，应用更加方便。

1．"仿制源"面板

新增的"仿制源"面板是与仿制图章工具配合使用的，允许定义多个克隆源（采样点），就像 Word 中有多个剪贴板一样。克隆源可以进行重叠预览，提供具体的采样坐标，也可以对克隆源进行移位、缩放、旋转、混合等操作。克隆源不仅可以针对一个图层，也可以针对上下两个图层，甚至所有图层。

2．智慧滤镜

在原版本的 Photoshop 中最不灵活的一项功能就是使用滤镜，一旦应用滤镜，文档就会被保存，无法重置。但 Photoshop CS3 中新增的智慧滤镜功能，使滤镜也能够成为调节层和层遮罩操作时最为灵活的工作方式。在将一个层转换为一个智慧对象之后，可以任意应用滤镜，此时所应用的滤镜效果都会出现在智慧对象之上。任何时候，甚至在保存之后，仍可以在滤镜上双击来重新对它进行设置，

也可以隐藏或删除，如图 1.1.2 所示。

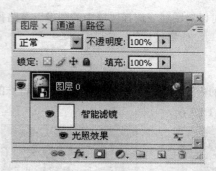

图 1.1.2　转换层为智慧对象并应用其他滤镜的效果

3．快速选取/优化边缘

在 Photoshop CS3 中新增了两项选取功能，用户可以自己决定选择组或者单独的图层。其中一项是快速选择工具 ，只须选择一个画笔的大小，将鼠标移至图像中需要选择的区域，拖动鼠标即可快速选择颜色差异大的图像，如图 1.1.3 所示。它的效果非常好，比起使用魔棒工具，花费的精力少了许多。

图 1.1.3　快速选取

另外一项是所有选择工具都在属性栏中添加了非常重要的一个功能，即优化边缘。在图像中创建选区后，单击属性栏中的"优化边缘"按钮，可弹出"优化边缘"对话框，通过该对话框可对选区的大小、羽化效果进行设置，也可以以快速遮罩的形式来查看选区，既可以在白色的背景下，也可以在黑色的背景下，或是一个灰阶的遮罩。

4．自动混合

在 Photoshop CS3 中，使用自动校准层能够轻松地将两张或是多张照片进行混合。例如，有两张不同的照片，在第一张中，有个人看起来似乎在走神，而在第二张照片中，他又对着照相机笑了。要将照片混合在一起，只需要将两个层都选中，并在"编辑"菜单中选择"自动校准层"命令。此时，两个层就会被自动链接，所有需要的画面就能够被添加到一个遮罩层上，并隐藏顶层中走神的那个主体，这样，我们就能够看见他在笑了。

5．黑与白

在使用 Photoshop 时，一般使用通道混合命令可以将一张照片转变为灰阶色彩。由于在移动滑动条时很容易朝着错误的方向，因此就难免将这个图像突出的色彩全部破坏。在 Photoshop CS3 中，新增的黑与白功能就可以非常容易地将彩色图像转换为灰阶。

6．改进的界面

在打开 Photoshop CS3 时，可以看到外观界面上有了一些重要的改变，让软件能够更为高效地使用。原来的面板可缩为精美的图标，有点像 CorelDRAW 中的泊坞窗，也有点像 Flash 的面板收缩状态，并且可以进行任意的组合。如果按"Shift+Tab"键则可以隐藏所有的面板，这样可以给用户提供更大的工作区域，如图 1.1.4 所示。

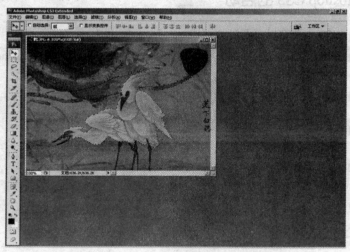

图 1.1.4　改进的界面

7．增强的 Bridge

在 Bridge 中查看文件的速度明显加快了，这主要取决于为缩略图显示而进行的新设置，如图 1.1.5 所示。用户可在"快速缩略图""高质量缩略图"或是"当预览时转换为高质量"之间进行切换选择。

图 1.1.5　浏览器窗口

8．消失点工具

在 Photoshop CS2 中引入消失点工具时引起了用户广泛的关注，使用之后却发现存在一些问题，这些问题在 Photoshop CS3 中得到了解决。其中最大的改进就是它能够改变平面的角度，过去会完全受限于消失点工具所决定应该使用的角度，现在只须按住"Alt"键，就可以将图像任意拖动到所需要的角度。

1.2　Photoshop CS3 的启动与退出

本节将介绍启动与退出 Photoshop CS3 软件的具体操作方法。

1.2.1　Photoshop CS3 的启动

启动 Photoshop CS3 主要有以下两种方法：

（1）选择 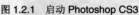 命令，即可启动 Photoshop CS3，如图 1.2.1 所示。

（2）双击桌面上的 "Photoshop CS3" 快捷图标 ，即可启动 Photoshop CS3。

1.2.2　Photoshop CS3 的退出

退出 Photoshop CS3 主要有以下 3 种方法：

（1）单击 Photoshop CS3 界面右上角的 "关闭" 按钮 ✕。如果对文档进行了修改，在关闭时会弹出如图 1.2.2 所示的提示框，根据需要单击所对应的按钮即可。

图 1.2.1　启动 Photoshop CS3

图 1.2.2　提示框

（2）选择 文件(F) → 退出(X) 命令，可退出 Photoshop CS3 工作界面。

（3）按键盘上的 "Alt+F4" 键。

1.3　Photoshop CS3 的工作界面

Photoshop CS3 的工作界面与 Photoshop 以前的版本大同小异，其工作界面包括标题栏、菜单栏、工具箱、工作区、属性栏、状态栏以及浮动面板，如图 1.3.1 所示。

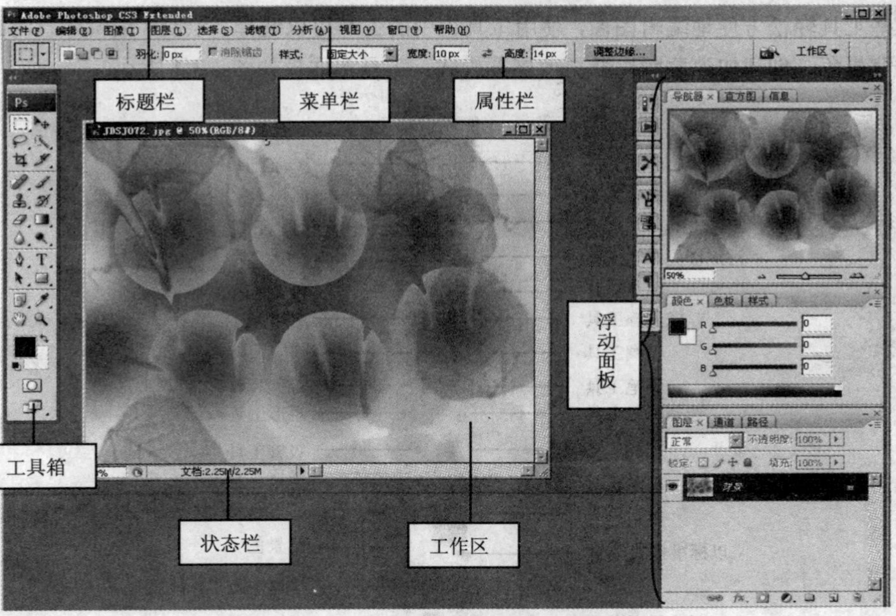
Adobe Photoshop CS3 Extended
标题栏
菜单栏
属性栏
浮动面板
工具箱
状态栏
工作区

图 1.3.1 Photoshop CS3 的工作界面

1.3.1 标题栏

标题栏位于工作界面的最上方，分为两部分，其左侧显示了该程序的名称，在该名称上单击鼠标右键，在弹出的快捷菜单中选择相应的命令可对窗口进行相关的操作，例如，移动、改变大小和还原等操作；其右侧有 3 个按钮，分别为“最大化”按钮（“还原”按钮）、“最小化”按钮和“关闭”按钮，如图 1.3.2 所示。

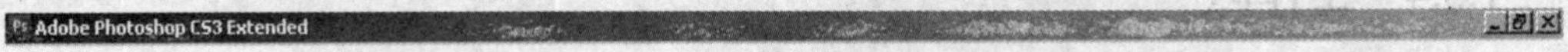
Adobe Photoshop CS3 Extended

图 1.3.2 标题栏

1.3.2 菜单栏

菜单栏位于标题栏的下方，其中包含了 Photoshop CS3 中的所有命令，用户通过使用菜单栏中的命令几乎可以实现 Photoshop CS3 中的全部功能。其中 Photoshop CS3 中共有 10 个菜单选项，如图 1.3.3 所示。

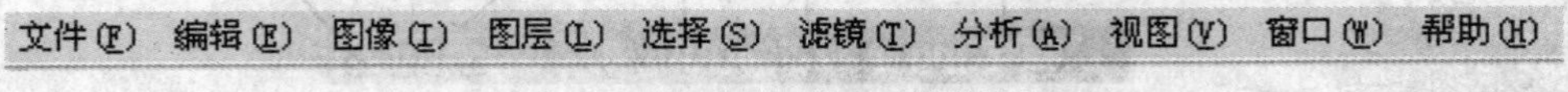
文件(F) 编辑(E) 图像(I) 图层(L) 选择(S) 滤镜(T) 分析(A) 视图(V) 窗口(W) 帮助(H)

图 1.3.3 Photoshop CS3 的菜单栏

单击菜单栏中任意一项，都可以弹出下拉菜单，如果其中的命令显示为黑色，表示此命令可用；如果显示为灰色，则表示此命令目前不可用。另外，有些菜单命令后有快捷键，表示按相应的快捷键即可执行该命令，如选择 文件(F) → 新建(N)... 命令，可弹出“新建”对话框，按“Ctrl+N”快捷键也可弹出“新建”对话框。

1.3.3 工具箱

工具箱位于工作界面的最左侧，其中包含了 Photoshop CS3 中所有的绘图工具和编辑工具，用户可利用这些工具轻松方便地编辑图像，使用工具箱中的工具可以选择、绘制、编辑和查看图像，选取前景色和背景色、创建快速蒙版以及更改屏幕模式。工具箱面板如图 1.3.4 所示。

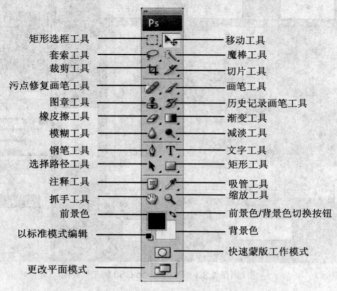

图 1.3.4　Photoshop CS3 工具箱面板

工具箱中的部分工具按钮的右下角带有黑色小三角符号，表示该工具中还集合了同类型的其他工具，用户可将鼠标指针移动到该工具图标处，单击鼠标左键稍等片刻，系统将会自动弹出其中隐藏的工具，拖动鼠标到需要选择的工具上，松开鼠标即可选择隐藏的工具。另外，用户还可以根据工作的需要把工具箱拖动到任何位置，也可以用鼠标左键双击标题栏将其缩小或还原。

1.3.4　工作区

在 Photoshop 中工作区也称为图像窗口，是工作界面中打开的图像文件窗口，如图 1.3.5 所示为图像窗口的标题栏，图像窗口是 Photoshop 的常规工作区，用于显示、浏览和编辑图像文件。图像窗口带有标题栏，分为两部分，左侧为文件名、缩放比例和色彩模式等信息；右侧是 3 个按钮，其功能与工作界面中的标题栏右侧的 3 个按钮功能相同。当图像窗口为"最大化"状态时，将与 Photoshop CS3 工作界面共用标题栏。

图 1.3.5　图像窗口标题栏

1.3.5　属性栏

工具属性栏位于菜单栏的下方，主要用于对工具箱中各工具的参数进行设置。当用户在工具箱中选择了某种工具后，在菜单栏的下方就会显示相应的工具属性栏。选择的工具不同，其属性栏中的选项也会有所不同，如图 1.3.6 所示为矩形选框工具的属性栏。

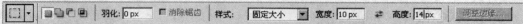

图 1.3.6 "矩形选框工具"属性栏

1.3.6 浮动面板

面板是在 Photoshop 中经常使用的工具，一般用于修改显示图像的信息。Photoshop CS3 包括图层、通道、路径、字符、段落、信息、导航器、颜色、色板、样式、历史记录、动作、画笔等多种面板。

在系统默认的情况下，这些面板以图标的形式显示在一起，如图 1.3.7（a）所示。单击相应的图标可打开对应的面板，如图 1.3.7（b）所示。

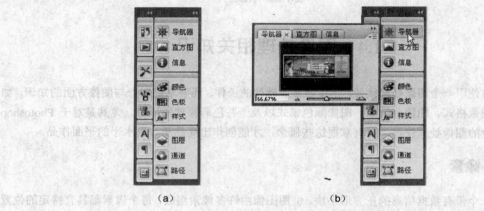

（a）　　　　　　　　　　　（b）

图 1.3.7 面板

在 Photoshop 中也可将某个面板显示或隐藏，要显示某个面板，选择 窗口(W) 菜单中的面板名称，即可显示该面板；要隐藏某个面板窗口，单击面板窗口右上角的⊠按钮即可。

单击面板右上角的三角形按钮 ▾≡可显示面板菜单，如图 1.3.8 所示，从中选择相应的命令可编辑图像。

图 1.3.8 显示面板菜单

此外，按"Shift+Tab"键可同时显示或隐藏所有打开的面板；按"Tab"键可以同时显示或隐藏所有打开的面板以及工具箱和属性栏。使用这两种方法可以快速增大屏幕显示空间。

1.3.7　状态栏

Photoshop CS3 中的状态栏位于打开图像文件窗口的最底部，由三部分组成，如图 1.3.9 所示。最左边显示当前打开图像的显示比例，它与图像窗口标题栏的显示比例一致；中间部分显示当前图像文件的信息；最右边显示当前操作状态及操作工具的一些帮助信息。

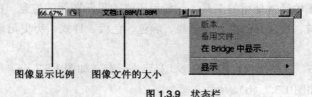

图像显示比例　　　图像文件的大小

图 1.3.9　状态栏

1.4　图像处理相关知识

要掌握与使用一个图像处理软件，不仅要掌握软件的操作，还要掌握图形与图像方面的知识，如图像类型、图像格式、图像分辨率、图像颜色模式以及一些色彩原理知识等。尤其是对于 Photoshop 这样一个专业的图像处理软件，只有掌握这些概念，才能创作出高品质、高水平的平面作品。

1.4.1　像素

像素是一个带有数据信息的正方形小块。位图图像由许多像素组成，每个像素都具有特定的位置和颜色值，因此可以很精确地记录下图像的色调，逼真地表现出自然的图像。像素是以行和列的方式排列的，如图 1.4.1 所示，将某区域放大后就会看到一个个的小方格，每个小方格里都存放着不同的颜色，也就是像素。

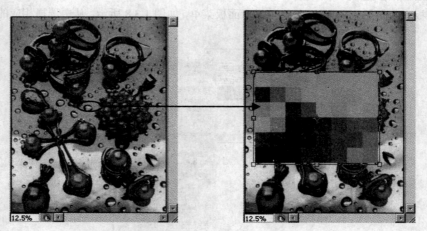

图 1.4.1　像素

一幅位图图像的每一个像素都含有一个明确的位置和色彩数值，从而就决定了整体图像所显示出来的效果。一幅图像中包含的像素越多，所包含的信息也就越多，因此文件越大，图像的品质也会越好。

1.4.2　分辨率

分辨率是图像中一个非常重要的概念，一般分辨率有 3 种，分别为显示器分辨率、图像分辨率和专业印刷的分辨率。

1．显示器分辨率

显示屏是由一个个极小的荧光粉发光单元排列而成的，每个单元可以独立地发出不同颜色、不同亮度的光，其作用类似于位图中的像素。一般在屏幕上所看到的各种文本和图像正是由这些像素组成的。由于显示器的尺寸不一，因此习惯于用显示器横向和纵向上的像素数量来表示所显示的分辨率，常用的显示器分辨率有 800×600 和 1 024×768，前者表示显示器在横向上分布 800 个像素，在纵向上分布 600 个像素；后者表示显示器在横向上分布 1 024 个像素，在纵向上分布 768 个像素。

2．图像分辨率

图像分辨率是指位图图像在每英寸上所包含的像素数量。图像的分辨率与图像的精细度和图像文件的大小有关。如图 1.4.2 所示为不同分辨率的两幅相同的图，其中图 1.4.2（a）的分辨率为 100 ppi（点/英寸），图 1.4.2（b）的分辨率为 10 ppi，可以非常清楚地看到两种不同分辨率图像的区别。

（a）　　　　　　　　　　　　　　　　（b）

图 1.4.2　不同分辨率的图像

虽然提高图像的分辨率可以显著地提高图像的清晰度，但也会使图像文件的大小以几何级数增长，因为文件中要记录更多的像素信息。在实际应用中我们应合理地确定图像的分辨率，例如，可以将需要打印图像的分辨率设置得高一些（因为打印机有较高的打印分辨率）；而用于网络上传输的图像，可以将其分辨率设置得低一些（以确保传输速度）；用于在屏幕上显示的图像，也可以将其分辨率设置得低一些（因为显示器本身的分辨率不高）。

只有位图才可以设置其分辨率，而矢量图与分辨率无关，因为它并不是由像素组成的。

3．专业印刷的分辨率

专业印刷的分辨率是以每英寸线数来确定的，决定分辨率的主要因素是每英寸内网点的数量，即挂网线数。挂网线数的单位是 Line/Inch（线/英寸），简称 LPI。例如 150 LPI 是指每英寸有 150 条网线。给图像添加网线，挂网数目越大，网线数越多，网点就越密集，图像的层次表现力就越丰富。

1.4.3　位图与矢量图

计算机所处理的图像类型从其描述原理上可以分为矢量图与位图两类。由于图片描述原理的不同，对这两种图像的处理方式也有所不同。

1. 位图图像

位图图像也称为点阵图像，它使用无数的彩色网格拼成一幅图像，每个网格称为一个像素，每个像素都具有特定的位置和颜色值。

由于一般位图图像的像素非常多而且小，因此色彩和色调变化非常丰富，看起来十分细腻，但如果将位图图像放大到一定的比例，无论图像的具体内容是什么，所看到的效果将会像马赛克一样。

如图 1.4.3（a）所示为以正常比例显示的一幅位图，将图像的下半部分放大 4 倍后，效果如图 1.4.3（b）所示，此时可以看到图片很粗糙；如果再将图像放大几倍后，效果如图 1.4.3（c）所示。用户可以看到，图像是由一个个各种颜色的小方块拼出来的，这些小方块就是像素。

 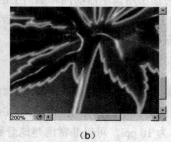 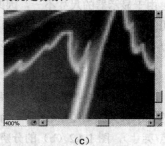

（a）　　　　　　　　　（b）　　　　　　　　　（c）

图 1.4.3　位图图像的不同显示比例

位图图像的缺点在于放大显示时图像比较粗糙，并且图像文件容量比较大，它的特点在于能够表现颜色的细微层次。

2. 矢量图形

矢量图形也可以称为向量式图像，它是一些由数学公式定义的线条和曲线，数学公式根据图像的几何特性来描绘图像。矢量图适于表现清晰的轮廓，常用于绘制一些标志图形或简单的卡通图片。其文件所占的容量较小，也可以很容易地将其随意放大或缩小，而且不会失真，但矢量图不能描绘色调丰富的图像细节，绘制出的图形不是很逼真，同时也不易在不同的软件间进行转换。

如图 1.4.4 所示为正常比例显示的矢量图，将其中的某部分放大后，效果如图 1.4.5 所示。可以看到，放大后的图片依然很精细，并没有因为显示比例的改变而失真。

图 1.4.4　原图　　　　　　　　　图 1.4.5　局部放大后的图像

1.4.4　图像文件格式

根据记录图像信息的方式（位图或矢量图）和压缩图像数据的方式的不同，图像文件可以分为多种格式，每种格式的文件都有相应的扩展名。Photoshop 可以处理大多数格式的图像文件，但是不同格式的文件可以使用的功能不同。常见的图像文件格式有以下几种：

1．PSD 格式

Photoshop 软件默认的图像文件格式是 PSD 格式，它可以保存图像数据的每一个细小部分，如层、蒙版、通道等。尽管 Photoshop 在计算过程中应用了压缩技术，但是使用 PSD 格式存储的图像文件仍然很大。不过，因为 PSD 格式不会造成任何数据损失，所以在编辑过程中，最好还是选择将图像存储为该文件格式，以便于修改。

2．JPEG 格式

JPEG 格式是一种图像文件压缩率很高的有损压缩文件格式。它的文件比较小，但用这种格式存储时会以失真最小的方式丢掉一些数据，而存储后的图像效果也没有原图像的效果好，因此印刷品很少用这种格式。

3．GIF 格式

GIF 格式是各种图形图像软件都能够处理的一种经过压缩的图像文件格式。正因为它是一种压缩的文件格式，所以在网络上传输时，比其他格式的图像文件快很多。但此格式最多只能支持 256 种色彩，因此不能存储真彩色的图像文件。

4．TIFF 格式

TIFF 格式是由 Aldus 为 Macintosh 开发的一种文件格式。目前，它是 Macintosh 和 PC 机上使用最广泛的位图文件格式。在 Photoshop 中 TIFF 格式能够支持 24 个通道，它是除 Photoshop 自身格式（PSD 与 PDD）外唯一能够存储多于 4 个通道的图像格式。

5．BMP 格式

BMP 格式是 Windows 中的标准图像文件格式，将图像进行压缩后不会丢失数据。但是，用此种压缩方式压缩文件，将需要很多的时间，而且一些兼容性不好的应用程序可能会打不开 BMP 格式的文件。此格式支持 RGB、索引颜色、灰度与位图颜色模式，但不支持 CMYK 模式的图像。

6．PDF 格式

PDF 以 PostScript Level 2 语言为基础，可以覆盖矢量图形和位图图像，并且支持超链接。它是由 Adobe Acrobat 软件生成的文件格式，该格式文件可以存储多页信息，其中包含图形和文件的查找和导航功能，因此是网络下载经常使用的文件格式。

7．EPS 格式

EPS 格式可以同时包含矢量图形和位图图像，并且支持 Lab、CMYK、RGB、索引颜色、双色调、灰度和位图颜色模式，但不支持 Alpha 通道。

本 章 小 结

本章介绍了 Photoshop CS3 的新增功能、工作界面以及图像处理的基本概念等。通过本章的学习，读者可以了解 Photoshop CS3 的一些图像处理的概念。只有掌握了这些知识，才能为以后的学习奠定良好的基础。

过 关 练 习

一、填空题

1. Adobe 公司于_____年_____月_____日正式发布了 Photoshop CS3 新版本。

2. Photoshop CS3 新增的_____滤镜功能，可以转换层为智慧对象。

3. 按_____键或_____键，可以退出 Photoshop CS3 应用程序。

4. 新增的_____功能就可以非常容易地将彩色图像转换为灰阶。

5. Photoshop 默认的图像存储格式是_____。

6. 图像的_____与图像的精细度和图像文件的大小有关。

7. 计算机所处理的图像从其描述原理上可以分为两类，即_____图与_____图。

8. 中文版 Photoshop CS3 的操作界面主要由_____、_____、_____、_____、_____和_____等部分组成。

9. 分辨率是指_____，单位长度内_____越多，图像就越清晰。

二、选择题

1. 在按住（　　）键的同时单击最后一个需要打开的文件，可同时打开选择的连续多个图像文件。

　　（A）Shift　　　　　　（B）Alt　　　　　　（C）Shift+Alt　　　　　　（D）Ctrl

2. （　　）格式的图像不能用置入命令进行置入。

　　（A）TIFF　　　　　　（B）AI　　　　　　（C）EPS　　　　　　（D）PDF

3. 在 Photoshop CS3 的菜单中，如果菜单命令后跟有"…"，表示（　　）。

　　（A）该命令下还有子命令　　　　　　（B）该命令具有快捷键

　　（C）单击该命令可弹出一个对话框　　（D）该命令在当前状态下不可用

三、简答题

1. 简述 Photoshop CS3 软件的应用范围。

2. 简述图像的分辨率与图像之间的关系。

第 2 章 | Photoshop CS3 基本操作

>>>>>

章前导航

本章主要介绍在 Photoshop CS3 中文件的操作、辅助工具的使用以及图像窗口的基本操作，其中包括新建、打开、保存图像文件以及图像的查看、缩放等。学好这些基础知识，用户可以更加得心应手地使用 Photoshop 绘制和处理图像。

本章要点

➡ 文件的操作

➡ 自定义工作界面

➡ 图像的缩放

➡ 图像的查看

2.1　文件的操作

文件是一个常用的计算机术语，简单地说，文件是软件在计算机中的存储形式。在 Photoshop CS3 的 文件(F) 菜单中提供了新建、打开以及保存文件等操作命令，通过这些命令可以对图像文件进行基本的编辑和操作。

2.1.1　新建文件

新建一个文件的具体操作如下：

（1）选择菜单栏中的 文件(F) → 新建(N)... 命令，也可按"Ctrl+N"键，弹出如图 2.1.1 所示的 新建 对话框。

（2）在 新建 对话框中可以设置下列各项参数：

1）名称(N)：用于输入新文件的名称。如果不输入，则 Photoshop 默认的新建文件名为"未标题-1"，如连续新建多个，则文件按顺序默认为"未标题-2""未标题-3"……

2）宽度(W)：与 高度(H)：用于设置图像的宽度与高度值。在设置前需要确定文件尺寸的单位，即在其后面的下拉列表中选择需要的单位，包括像素、英寸、厘米、毫米、点、派卡和列等。

3）分辨率(R)：用于设置图像的分辨率，可在其后面的下拉列表中选择分辨率的单位，有两种选择，分别是像素/英寸与像素/厘米，通常使用的单位为像素/英寸。

4）颜色模式(M)：用于设置图像的色彩模式，可在其右侧的下拉列表中选择色彩模式的位数，有 1 位、8 位与 16 位 3 种选择。

5）背景内容(C)：该下拉列表框用于设置新图像的背景层颜色，其中有 3 种方式可供选择，即 白色、背景色 与 透明。如果选择 背景色 选项，则背景层的颜色与工具箱中的背景色相同。

6）预设(P)：在此下拉列表中可以选择预设的图像尺寸、分辨率等。

（3）设置好参数后，单击 确定 按钮，就可以新建一个空白图像文件，如图 2.1.2 所示。

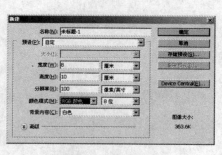

图 2.1.1　"新建"对话框

图 2.1.2　新建图像文件

2.1.2　打开文件

如果需要对已存在的文件进行修改，必须先打开文件。打开文件的方法有以下几种：

（1）选择菜单栏中的 文件(F) → 打开(O)... 命令，弹出 打开 对话框，如图 2.1.3 所示，在该对话框中选择需要打开的图像文件，然后单击 打开(O) 按钮即可。

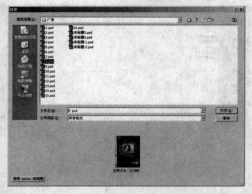

图 2.1.3　"打开"对话框

提示：在 Photoshop CS3 中，也可以一次打开多个同一目录下的文件。单击需要打开的第一个文件后，在按住"Shift"键的同时单击最后一个需要打开的文件，可以同时打开选择的连续多个图像文件；按住"Ctrl"键，依次单击需要打开的图像文件，可依次打开不连续的多个图像文件。

（2）选择 文件(F) 菜单中的 最近打开文件(R) 命令，可从子菜单中选择最近打开过的图像文件。Photoshop CS3 会在 最近打开文件(R) 子菜单中自动保存最近打开过的若干文件名，默认最多包含 10 个。

（3）选择菜单栏中的 文件(F) → 打开为(A)... 命令，或按"Shift+Ctrl+Alt+O"键，可打开特定类型的文件。

（4）在 Photoshop CS3 中，还有一个可以很方便地打开图像文件的功能。选择菜单栏中的 文件(F) → 浏览(B)... 命令，或按"Ctrl+Alt+O"键，打开文件浏览器窗口，直接在图像的缩略图上双击鼠标左键，即可打开图像文件，也可直接将图像的缩略图用鼠标拖曳到 Photoshop CS3 的工作界面中打开。

提示：在属性栏右侧单击"切换到浏览器"按钮，也可打开文件浏览器窗口。

2.1.3　保存文件

一般所创建的文件只有通过存储才能长久地保留下来，存储文件时，可以设置多种文件格式。另外，还可以存储文件的副本，并设置存储选项。

1．存储文件

文件的存储可以通过两个命令来完成，即"存储"或"存储为"，其具体的存储方法如下：

（1）存储文件时，如果文件已经存储，可选择菜单栏中的 文件(F) → 存储(S) 命令，或按"Ctrl+S"键直接存储当前修改的内容。但对于新建的文件，应选择菜单栏中的 文件(F) → 存储(S) 命令，或选择菜单栏中的 文件(F) → 存储为(V)... 命令，都可弹出如图 2.1.4 所示的 存储为 对话框。

（2）在 保存在(I): 下拉列表中选择保存图像文件的路径，可以将文件保存在硬盘、U 盘或网络驱动器和文件夹中。

（3）在 文件名(N): 下拉列表中输入要存储文件的文件名。

（4）在 格式(F): 下拉列表中选择图像文件保存的格式。

（5）单击 保存(S) 按钮，即可按照所设置的路径及格式保存图像。

图 2.1.4　"存储为"对话框

提示：Photoshop CS3 默认的保存格式为 PSD 或 PDD，此格式也可以保留图层，如果以其他格式保存，则在保存时 Photoshop CS3 会自动合并图层。

2. 存储为 Web 文件格式

通过"存储为 Web 所用格式"功能可将文件存储为 Web 文件格式。

存储为 Web 文件格式的操作方法为：选择菜单栏中的 文件(F) → 存储为 Web 所用格式(W)... 命令，或按"Shift+Ctrl+Alt+S"键，将弹出如图 2.1.5 所示的 存储为 Web 所用格式 对话框。在此对话框中，将图像文件存储为所需的格式，也可以将一幅图像优化为一个指定大小的文件，使用当前最优化的设置来对图像的色彩、透明度、大小等进行调整，以便得到一个 GIF 或 JPEG 格式的文件。

图 2.1.5　"存储为 Web 所用格式"对话框

2.1.4　置入图形

Photoshop CS3 是一个位图处理软件，同时也具备了处理矢量图的功能，可以将矢量图（如后缀为 EPS、AI 或 PDF 的文件）插入到 Photoshop 中使用。其操作步骤如下：

（1）新建或打开一个需要向其中插入图形的图像文件，选择菜单栏中的 文件(F) → 置入(L)... 命令，弹出 置入 对话框，如图 2.1.6 所示。

（2）选择需要置入的文件名称，单击 置入(P) 按钮，此时置入的 EPS 图像文件将被包围在一个控制框内，如图 2.1.7 所示，可以拖动控制框调整图像的大小、位置和方向。

图 2.1.6　"置入"对话框　　　　　　　　　　图 2.1.7　置入 EPS 图像文件

（3）调整完成后，按回车键确认置入图像，此时在"图层"面板中也会增加相应的新图层，如图 2.1.8 所示。

图 2.1.8　置入 EPS 图像文件后的效果

2.1.5　关闭文件

完成图像文件的编辑并保存后，就需要将其关闭。关闭图像文件的方法有以下几种：

（1）选择菜单栏中的 文件(F) → 关闭(C) 命令。

（2）单击图像窗口右上角的"关闭"按钮 X。

（3）按"Ctrl+W"键或"Ctrl+F4"键。

如果要关闭 Photoshop CS3 中打开的多个文件，可选择菜单栏中的 文件(F) → 关闭全部 命令或按"Ctrl+Alt+W"键。

2.2　自定义工作界面

在制作一幅图像作品时，可以通过使用 Photoshop 提供的标尺、参考线、网格、辅助工具、图像显示比例控制工具以及移动图像窗口的抓手工具协助完成图像的制作。

2.2.1　调整图像大小

一般情况下，当需要对扫描的图像或当前图像的大小进行调整时，可以对相关的参数进行设置。利用 图像大小(I)... 命令，可以调整图像的大小、打印尺寸以及图像的分辨率。具体操作方法如下：

（1）打开一幅需要改变大小的图像。

（2）选择菜单栏中的 图像(I) → 图像大小(I)... 命令，弹出 图像大小 对话框，如图 2.2.1 所示。

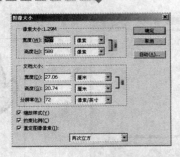

图 2.2.1 "图像大小"对话框

（3）在 像素大小:选项区中的 宽度(W):与 高度(H):输入框中可设置图像的宽度与高度。改变像素大小后，会直接影响图像的品质、屏幕图像的大小以及打印结果。

（4）在 文档大小:选项区中可设置图像的打印尺寸与分辨率。默认状态下，宽度(D):与 高度(G):被锁定，即改变 宽度(D):与 高度(G):中的任何一项，另一项都会按相应的比例改变。

（5）设置好参数后，单击 确定 按钮，即可改变图像的大小。

2.2.2 调整画布大小

更改画布大小的具体操作方法如下：

（1）打开一幅需要改变画布大小的图像文件，如图 2.2.2 所示。

（2）选择菜单栏中的 图像(I) → 画布大小(S)... 命令，弹出 画布大小 对话框，如图 2.2.3 所示。

图 2.2.2 打开的图像

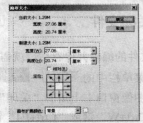

图 2.2.3 "画布大小"对话框

（3）在 新建大小:选项区中的 宽度(W):与 高度(H):输入框中输入数值，可重新设置图像的画布大小；在 定位:选项中可选择画布的扩展或收缩方向，单击框中的任何一个方向箭头，该箭头的位置可变为白色，图像就会以该位置为中心进行设置。

（4）单击 确定 按钮，可以按所设置的参数改变画布大小，如图 2.2.4 所示。

图 2.2.4 改变画布大小

默认状态下，图像位于画布中心，画布向四周扩展或向中心收缩，画布颜色为背景色。如果希望图像位于其他位置，只须单击 定位:选项区中相应位置的小方块即可。

2.2.3　标尺

使用标尺可以准确地显示出当前光标所在的位置和图像的尺寸，还可以让用户更准确地对齐对象和选取范围。

选择菜单栏中的 视图(V) → 标尺(R) 命令，或者按 "Ctrl+R" 键，都可在当前的图像文件上显示标尺，如图 2.2.5 所示，再次执行此命令时则可以隐藏标尺。在默认设置下，标尺的原点位于图像的左上角，当鼠标指针在图像内移动时，用户可以清楚地看到鼠标指针所在位置的坐标值。在窗口中的标尺上单击鼠标右键，可在弹出的快捷菜单（见图 2.2.6）中设置需要的标尺单位。

图 2.2.5　显示标尺　　　　　　　　　图 2.2.6　快捷菜单

2.2.4　参考线

利用参考线可以帮助用户精确定位图像的位置。在图像文件中显示标尺以后，用鼠标指针从水平的标尺上可拖曳出水平参考线，从垂直标尺上可拖曳出垂直参考线，如图 2.2.7 所示。

若要移动某条参考线，可单击工具箱中的 "移动工具" 按钮 ，将鼠标光标移动到相应的参考线上，当光标变为 形状时，拖曳鼠标即可，如图 2.2.8 所示，也可将其拖动到图像窗口外直接删除。

图 2.2.7　添加参考线　　　　　　　　图 2.2.8　移动参考线位置

另外，用户还可以使用 "新建参考线" 命令来添加参考线，选择 视图(V) → 新建参考线(E)... 命令，弹出 "新建参考线" 对话框，如图 2.2.9 所示，在其中设置位置和方向以后，单击 确定 按钮，即可为图像添加一条参考线。

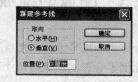

图 2.2.9　"新建参考线" 对话框

2.2.5 网格

网格可用来对齐参考线，也可在制作图像的过程中对齐物体。要显示网格，可选择菜单栏中的 视图(V) → 显示(H) → 网格(G) 命令，此时会在图像文件中显示出网格，如图 2.2.10 所示。

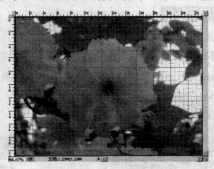

图 2.2.10 显示网格

显示网格后，就可以沿网格线创建图像的选取范围、移动或对齐图像。在不需要显示网格时，也可隐藏网格。选择菜单栏中的 视图(V) → 显示额外内容(X) 命令，或按 "Ctrl+H" 键来隐藏网格。

2.2.6 度量工具

利用度量工具可以快速测量图像中任意区域两点间的距离，该工具一般配合"信息"面板或其属性栏来使用。单击工具箱中的"度量工具"按钮，其属性栏如图 2.2.11 所示。

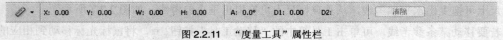

图 2.2.11 "度量工具"属性栏

使用度量工具在图像中需要测量的起点处单击，然后将鼠标移动到另一点处再单击形成一条直线，测量结果就会显示在"信息"面板中，如图 2.2.12 所示。

图 2.2.12 测量两点间的距离

2.3 图像的缩放

图像的显示比例就是图像中的每个像素和屏幕上一个光点的比例关系，使用此功能可以方便地对局部细节进行编辑。改变图像的显示比例不会影响图像的尺寸与分辨率。

缩放图像显示比例的方法有很多，如使用缩放工具、抓手工具或导航器面板等以不同的缩放倍数查看图像的不同区域。

2.3.1 使用缩放工具

单击工具箱中的"缩放工具"按钮🔍，再将鼠标移至图像中，光标会变成🔍形状，如图 2.3.1 所示，在图像中单击即可放大图像的显示比例；按住"Alt"键，光标将显示为🔍形状，如图 2.3.2 所示，单击图像则缩小图像显示比例。

图 2.3.1 放大显示比例

图 2.3.2 缩小显示比例

当选择了缩放工具后，其对应的属性栏将显示缩放工具的相关参数，如图 2.3.3 所示。

🔍▾ | 🔍🔍 | □ 调整窗口大小以满屏显示 □ 缩放所有窗口 | 实际像素 | 适合屏幕 | 打印尺寸

图 2.3.3 缩放工具属性栏

选中 □ 调整窗口大小以满屏显示 复选框，Photoshop 会在调整显示比例的同时自动调整图像窗口大小，使图像以最合适的窗口大小显示。

单击 实际像素 按钮，图像将以 100%的比例显示，与双击缩放工具的作用相同。

单击 适合屏幕 按钮，可在窗口中以最合适的大小和比例显示图像。

单击 打印尺寸 按钮，可使图像以实际打印的尺寸显示。

2.3.2 使用菜单命令缩放

在 视图(V) 菜单中有 5 个可用于控制图像显示比例的命令，也可在选择缩放工具后，在图像窗口中单击鼠标右键，弹出缩放快捷菜单，如图 2.3.4 所示，其中的命令都与缩放工具属性栏中的选项相对应。

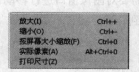

放大(I)	Ctrl++
缩小(O)	Ctrl+-
按屏幕大小缩放(F)	Ctrl+0
实际像素(A)	Alt+Ctrl+0
打印尺寸(Z)	

图 2.3.4 缩放菜单

2.3.3 在区域内移动图像

图像显示比例放大数倍后，在图像窗口中就只能显示某一区域的内容，此时可以拖动滚动条来查看图像的全部。但有时在全屏显示模式下，图像窗口不显示滚动条，此时，就需要单击工具箱中的抓手工具 来移动显示图像，如图 2.3.5 所示。

图 2.3.5　使用抓手工具移动显示图像

2.4　图像的查看

在 Photoshop CS3 中处理图像时，为了更清晰地观看图像或处理图像，需要对图像窗口的显示方式进行设置或对整个图像的某一局部进行放大或缩小。

2.4.1　改变图像窗口的位置与大小

图像窗口的大小可以根据需要进行放大或缩小，其操作方法很简单，只须将鼠标移到图像窗口的边框或四角上，当光标变为双箭头形状时，按住鼠标左键并拖动即可改变图像窗口的大小，如图 2.4.1 所示。

图 2.4.1　改变图像窗口大小

要把一个图像窗口摆放到工作界面的合适位置，就需要对图像窗口进行移动。将光标移到窗口的标题栏，按住鼠标左键拖动，即可随意将图像窗口摆放到合适位置。

2.4.2　图像窗口的叠放

在处理图像时，为了方便操作，需要将图像窗口最小化或最大化显示，这时只需要单击图像窗口右上角的"最小化"按钮 与"最大化"按钮 即可。

如果在 Photoshop CS3 中打开了多个图像窗口，屏幕显示会很乱，为了方便查看，可对多个窗口进行排列。

1. 层叠

选择菜单栏中的 窗口(W) → 排列(A) → 层叠(D) 命令，即可以层叠方式排列多个打开的图像窗口，效果如图 2.4.2 所示。

图 2.4.2　层叠方式

2. 拼贴

选择菜单栏中的 窗口(W) → 排列(A) → 水平平铺(H) 或 垂直平铺(V) 命令，将会以拼贴的方式重新排列多个打开的图像窗口。

2.4.3　切换屏幕显示模式

为了方便操作，Photoshop CS3 提供了 3 种不同的屏幕显示模式，分别为标准屏幕模式、带有菜单栏的全屏模式和全屏模式。

单击工具箱中的"标准屏幕模式"按钮 ，可切换至标准屏幕模式的显示窗口，如图 2.4.3 所示。此模式下的窗口可显示 Photoshop 的所有组件，如菜单栏、工具箱、标题栏、状态栏与属性栏等。

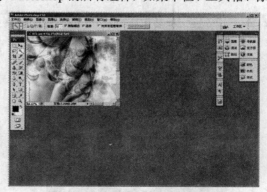

图 2.4.3　标准屏幕模式

单击工具箱中的"带有菜单栏的全屏模式"按钮 ，可切换至带有菜单栏的全屏模式显示，如图 2.4.4 所示。此模式下，不显示标题栏，只显示菜单栏，以使图像充满整个屏幕。

单击工具箱中的"全屏模式"按钮 ，可切换至全屏模式，如图 2.4.5 所示。

提示：连续按"F"键多次，可以在 3 种屏幕模式之间切换，也可以按"Tab"键或"Shift+Tab"键，显示或隐藏工具箱与控制面板。

图 2.4.4　带有菜单栏的全屏模式

图 2.4.5　全屏模式

2.5　典型实例——制作黑白棋

本节综合运用前面所学的知识制作黑白棋，最终效果如图 2.5.1 所示。

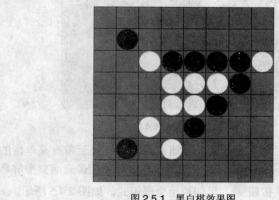

图 2.5.1　黑白棋效果图

操作步骤

（1）按"Ctrl+N"键，弹出"新建"对话框，设置参数如图 2.5.2 所示，然后单击 确定 按钮，新建一个图像文件。

（2）将前景色设置为黄色（R：226，G：121，B：28），按"Alt+Delete"键进行填充。

（3）选择 视图(V) → 显示(H) → 网格(G) 命令，在图像中显示网格，如图 2.5.3 所示。

图 2.5.2　"新建"对话框　　　　　　　　　图 2.5.3　显示网格

（4）选择 编辑(E) → 首选项(N) → 参考线、网格和切片(I)... 命令，弹出"首选项"对话框，设置参数如图 2.5.4 所示。

（5）设置完成后，单击 确定 按钮，效果如图 2.5.5 所示。

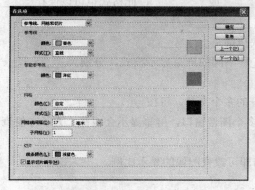

图 2.5.4　"首选项"对话框　　　　　　　　图 2.5.5　网格效果

（6）单击工具箱中的"椭圆选框工具"按钮，其属性栏设置如图 2.5.6 所示。

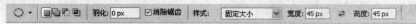

图 2.5.6　"椭圆选框工具"属性栏

（7）设置完成后，在新建图像中绘制一正圆选区，效果如图 2.5.7 所示。

（8）将绘制的正圆选区填充为白色，效果如图 2.5.8 所示。

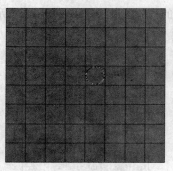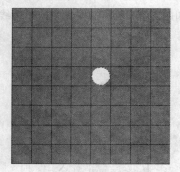

图 2.5.7　绘制的正圆选区　　　　　　　　图 2.5.8　填充选区效果

（9）按"Ctrl+D"键取消选区，然后用相同的方法再绘制其他白棋和黑棋，最终效果如图 2.5.1 所示。

本 章 小 结

本章介绍了 Photoshop CS3 中文件的操作、图像的缩放和查看，并讲解了在 Photoshop CS3 中辅助工具的设置方法与技巧。通过本章的学习，希望读者能够熟练掌握 Photoshop CS3 文件的打开、保存、图像窗口大小的改变等操作，为以后进一步学习 Photoshop CS3 奠定基础。

过 关 练 习

一、填空题

1. _____是一个常用的计算机术语，简单地说，文件是软件在计算机中的存储形式。

2. Photoshop 默认的保存格式为_____或_____，此格式也可以保存_____。

3. Photoshop CS3 支持的图片格式有_____多种。

4. 在 Photoshop 中要保存文件，其快捷键是_____。

5. Photoshop CS3 提供了_____种不同的屏幕显示模式，分别为_____、_____和_____。

6. 如果要关闭 Photoshop CS3 中打开的多个文件，可按_____键。

7. 如果在 Photoshop CS3 中打开了多个图像窗口，屏幕显示会很乱，为了方便查看，可对多个窗口进行_____。

8. 使用_____工具在图像中单击即可改变图像的显示比例。

二、简答题

1. 打开文件的方法有几种？简述其具体的操作步骤。

2. 如何更改图像画布的大小？

三、上机操作题

1. 打开一幅图像，练习为其添加标尺、参考线、网格。

2. 新建一个图像文件，对图像进行相关操作，并保存图像。

3. 更改如题图 2.1 所示的图像中的参考线及网格的颜色，最终效果如题图 2.2 所示。

 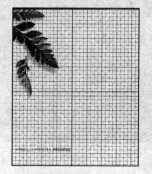

题图 2.1　原图像　　　　　　　　　　题图 2.2　最终效果图

第3章

选区的创建与编辑

章前导航

在 Photoshop 中的许多操作都是基于选区的，Photoshop CS3 中提供了多种选区工具，本章将向用户介绍选区的创建与调整方法以及选区内图像的修改与编辑等。

本章要点

➡ 选区的概念

➡ 选区的创建

➡ 选区的修改与调整

➡ 选区内图像的编辑

➡ 选区的特殊操作

3.1　选区的概念

选区是指通过工具或者相应命令在图像上创建的选取范围。创建选取范围后，可以将选区的区域进行隔离，以便复制、移动、填充或颜色校正。因此，要对图像进行编辑，首先要了解在 Photoshop CS3 中创建选区的方法和技巧。

选区是一个用来隔离图像的封闭区域，当在图像中创建选区后，选区边界看上去就像是一圈蚁线，选区内的图像将被编辑，选区外的图像则被保护，不会产生任何变化，如图 3.1.1 所示。Photoshop CS3 中提供了多种创建选区的工具，如选框工具、套索工具、魔棒工具等，用户应熟练掌握这些工具和命令的使用方法。

图 3.1.1　选区的示意图

3.2　选区的创建

在 Photoshop CS3 中创建选区最简单快速的方法是利用工具箱中的选取工具创建。这些选取工具包括选框工具、套索工具与魔棒工具。其中选框工具可以创建各种几何形状的选区，套索工具可以更加自由准确地建立选区，而魔棒工具能够区分图像中相似的颜色，从而实现对某颜色区域的快速选取。使用选取工具在图像中某个区域进行选取时，会出现闪烁的虚框，虚框内的区域就是选取的图像。

3.2.1　创建规则选区

在 Photoshop CS3 中利用选框工具组可在图像中创建规则的几何形状选区，如图 3.2.1 所示。

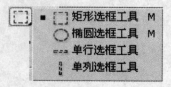

图 3.2.1　选框工具组

1．矩形选框工具

利用矩形选框工具可在图像中创建长方形或正方形选区。单击工具箱中的"矩形选框工具"按钮，在图像中单击并拖动鼠标即可创建选区，其属性栏如图 3.2.2 所示。

图 3.2.2 "矩形选框工具"属性栏

提示：按住 "Shift" 键的同时在图像中拖动鼠标，可以创建正方形选区；按住 "Alt" 键可在图像中创建以鼠标拖动点为中心向四周扩展的矩形选区。

用鼠标单击 按钮，可打开如图 3.2.3 所示的面板。单击其右上角的 按钮，可弹出如图 3.2.4 所示的面板菜单，其中的"复位工具"命令用于将当前工具的属性设置恢复为默认值；"复位所有工具"命令用于将工具箱中所有工具的属性恢复为默认值。单击面板右边的"创建新工具预设"按钮 ，可弹出"新建工具预设"对话框，设置完参数后，单击 确定 按钮，将会在面板菜单中添加新的预设工具，如图 3.2.5 所示，在此列表框中可以转换使用绘图工具。

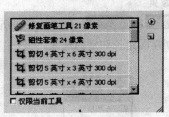  

图 3.2.3 复位工具面板　　　图 3.2.4 面板菜单　　　图 3.2.5 工具预设列表框

在属性栏中提供了 4 种创建选区的方式：

"新选区"按钮 ：单击此按钮，可以创建一个新的选区，若在绘制之前还有其他的选区，新建的选区将会替代原来的选区。

"添加到选区"按钮 ：单击此按钮，可以在图像中原有选区的基础上添加创建的选区，从而得到一个新的选区或增加一个新的选区，其效果如图 3.2.6 所示。

"从选区减去"按钮 ：单击此按钮，可以在图像中原有选区的基础上减去创建的选区，从而得到一个新的选区，其效果如图 3.2.7 所示。

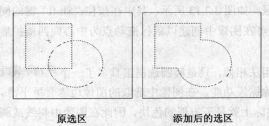 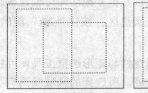 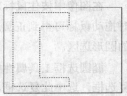

原选区　　　　　添加后的选区　　　　　　原选区　　　　　减去后的选区

图 3.2.6 "添加到选区"效果　　　　　图 3.2.7 "从选区减去"效果

"与选区交叉"按钮 ：单击此按钮，可得到原有选区和后来创建选区相交部分的选区，其效果如图 3.2.8 所示。

技巧：在创建新选区的同时按下 "Shift" 键，可进行"添加到选区"的操作；按下 "Alt"键，可进行"从选区减去"的操作；按下 "Alt + Shift" 键，可进行"与选区交叉"的操作。

羽化：可用于设定选区边缘的羽化程度，使创建的选区边缘得到柔和的效果，其对比效果如图 3.2.9 所示。

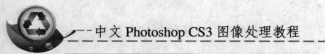

原选区　　　　　　　　相交选区　　　　　　　　原选区　　　　　　　　羽化选区

图 3.2.8　"与选区交叉"效果　　　　　　　　　图 3.2.9　无羽化与羽化的对比效果

提示：如果用户所要羽化的选区半径小于输入的羽化值半径时，将会弹出一个如图 3.2.10 所示的提示框，提示用户选区中图像像素不大于羽化的像素，不能进行羽化处理。因此，在需要绘制有羽化的选区时，一定要先输入羽化值再绘制选区，才有羽化效果。

样式： 在其下拉列表中有 3 个选项，分别是 **正常**、**固定长宽比** 和 **固定大小**，如图 3.2.11 所示。其中 **固定长宽比** 可固定矩形选区的长宽比例，而 **固定大小** 是用来创建固定长和宽的选区。

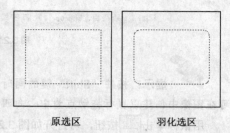

图 3.2.10　提示框　　　　　　　　　　图 3.2.11　样式下拉列表

2．椭圆选框工具

利用椭圆选框工具可以在图像中创建规则的椭圆形或正圆形选区，单击工具箱中的"椭圆选框工具"按钮 ，其属性栏如图 3.2.12 所示。

图 3.2.12　"椭圆选框工具"属性栏

在图像中按住鼠标左键并拖动即可创建椭圆选区，如图 3.2.13 所示；其中在按住"Shift"键的同时拖动鼠标可得到正圆选区；按住"Alt"键的同时可在图像中创建以鼠标拖动点为中心向四周扩展的圆形选区。

椭圆选框工具属性栏与矩形选框工具属性栏的用法相似，只是椭圆选框工具多了一个 **☑ 消除锯齿** 复选框，选中此复选框，所选择的区域就具有了消除锯齿功能，在图像中选取的图像边缘会更平滑。因为 Photoshop 中的图像是由像素组成的，而像素实际上就是正方形的色块，因此在图像中斜线或圆弧的部分就容易产生锯齿状态的边缘，分辨率越低，锯齿就越明显。此时只有选中 **☑ 消除锯齿** 复选框，Photoshop 会在锯齿之间填入介于边缘与背景中间色调的色彩，使锯齿的硬边变得较为平滑。

3．单行选框工具

单击工具箱中的"单行选框工具"按钮 ，在图像中单击鼠标左键，可创建一个像素高的单行选区，如图 3.2.14 所示。其属性栏中只有选择样式可用，用法与矩形选框工具相同。

4．单列选框工具

单击工具箱中的"单列选框工具"按钮 ，在图像中单击鼠标左键，可创建一个像素宽的单列选区，如图 3.2.15 所示，其属性栏与单行选框工具的完全相同。

图 3.2.13　创建椭圆选区

图 3.2.14　创建单行选区

图 3.2.15　创建单列选区

3.2.2　创建不规则选区

所谓的不规则选区是指随意性强，不被局限在几何形状内，可以是鼠标任意创建的，也可以通过计算而得到的单个选区或多个选区。在 Photoshop CS3 中可以用来创建不规则选区的工具分别放在套索工具组和魔棒工具组中，如图 3.2.16 所示。

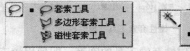

图 3.2.16　套索与魔棒工具组

1．套索工具

利用套索工具可以创建任意形状的选区，也可创建一些较复杂的选区。单击工具箱中的"套索工具"按钮 ，其属性栏如图 3.2.17 所示。在图像中需要选取的部分按住鼠标左键拖动，当鼠标指针回到选取的起点位置时释放鼠标左键，即可选择一个不规则的选区，如图 3.2.18 所示。

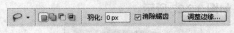

图 3.2.17　"套索工具"属性栏　　　　图 3.2.18　使用套索工具创建的选区

套索工具也可以设置消除锯齿与羽化边缘的功能，选中 消除锯齿 复选框，可用来设置选区边缘的柔和程度。在 羽化: 文本框中输入数值，可设置选区的边缘效果，使选区边界产生一个过渡段。

2．多边形套索工具

利用多边形套索工具可以创建比较精确的图像选区，该工具一般用于选取边界多为直线或边界曲折的复杂图形。单击工具箱中的"多边形套索工具"按钮 ，在图像中单击鼠标左键创建选区的起点，然后拖动鼠标将会引出直线段，并在多边形的转折点处单击鼠标，作为多边形的一个顶点，用户可根据自己的需要创建多个顶点，最后使其回到起点处，当鼠标光标变为 形状时单击，即可闭合选区，如图 3.2.19 所示。

使用多边形套索工具创建选区时，按住"Shift"键可以按水平、垂直或 45°的方向绘制选区，如图 3.2.20 所示。

提示：用多边形套索工具时，如果选择的线段终点没有回到起点，那么双击鼠标左键，Photoshop 就会自动连接起点与终点，成为一个封闭的选区。

图 3.2.19　使用多边形套索工具创建的选区

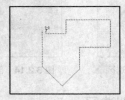
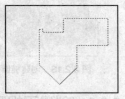

图 3.2.20　使用多边形套索工具按方向绘制选区

3. 磁性套索工具

利用磁性套索工具可以快速地将图像中与背景对比强烈而且边缘复杂的对象选取。单击工具箱中的"磁性套索工具"按钮，其属性栏如图 3.2.21 所示。

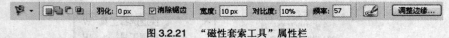

图 3.2.21　"磁性套索工具"属性栏

宽度：在该文本框中输入数值可设置磁性套索工具的宽度，即使用该工具进行范围选取时所能检测到的边缘宽度。宽度值越大，所能检测的范围越宽，但是精确度就降低了。

对比度：在该文本框中输入数值可设置磁性套索工具对选取对象和图像背景边缘的灵敏度。数值越大，灵敏度越高，但要求图像边界颜色和背景颜色对比非常明显。

频率：该选项用于设置使用磁性套索工具选取范围时，出现在图像上的锚点的数量，该值设置越大，则锚点越多，选取的范围越精细。频率的取值范围在 1～100 之间。

：该按钮用来设置是否改变绘图板压力，以改变画笔宽度。

选择磁性套索工具，在图像中要建立选区部分的边缘上任选一点单击左键，作为起始点，然后沿着要建立的选区边缘拖动鼠标，该工具会自动在图像中对比最强烈的边缘绘制路径，增加固定点。在选取的过程中，若绘制的选区没有与所需选区对齐，可以根据需要单击鼠标左键加入固定点。当光标呈 形状时，单击鼠标左键即可封闭选区，效果如图 3.2.22 所示。

图 3.2.22　使用磁性套索工具创建的选区

技巧：在利用磁性套索工具创建选区的过程中，若对选取的地方不满意，可通过按"Delete"键将其删除，然后再进行选取，按"Esc"键可一次性全部删除。

4. 快速选择工具

快速选择工具 是 Photoshop CS3 新增的一项选取工具，对于背景色比较单一且与图像反差较大的图像，快速选择工具有着得天独厚的优势。快速选择工具属性栏如图 3.2.23 所示。

图 3.2.23　"快速选择工具"属性栏

快速选择工具属性栏各选项含义如下：

：新选区，按下此按钮则表示创建新选区。

：增加到选区，在鼠标拖动过程中选区不断增加。

：从选区减去，从大的选区中减去小的选区。

画笔：快速选择工具笔触的大小代表快速选择工具选择一次范围的大小。

☑对所有图层取样：选中此复选框，表示基于所有图层（而不是仅基于当前选定图层）创建一个选区。

☑自动增强：减少选区边界的粗糙度和块效应。"自动增强"自动将选区向图像边缘进一步靠近并应用一些边缘调整，也可以通过在"调整边缘"对话框中使用"平滑""对比度"和"半径"选项手动应用这些边缘调整。

使用快速选择工具创建的选区如图 3.2.24 所示。

快速选择工具的应用

拖动快速选择工具自动扩大选区效果

图 3.2.24　快速选择工具的应用

5. 魔棒工具

魔棒工具是根据一定的颜色范围来创建图像选区的。一般用于选取图像窗口中颜色相同或相近的图像。单击工具箱中的"魔棒工具"按钮，其属性栏如图 3.2.25 所示。

图 3.2.25　"魔棒工具"属性栏

容差：在容差文本框中输入数值，可设置使用魔棒工具时选取的颜色范围大小，数值越大，范围越广；数值越小，范围越小，但精确度越高。

☑连续：选中该复选框表示只选择图像中与鼠标上次单击点相连的色彩范围；取消选中此复选框，表示选择图像中所有与鼠标上次单击点颜色相近的色彩范围。

☑对所有图层取样：选中此复选框表示使用魔棒工具进行色彩选择时对所有可见图层有效；不选中此复选框表示使用魔棒工具进行色彩选择时只对当前可见图层有效。

使用魔棒工具创建的选区如图 3.2.26 所示。

容差设置为 5 创建的选区

容差设置为 50 创建的选区

图 3.2.26　使用魔棒工具创建的选区

技巧：在利用魔棒工具创建选区时，按住"Shift"键可同时选择多个区域。

3.2.3　使用"色彩范围"命令

利用色彩范围命令可在图像窗口中指定颜色来定义选区，并可通过指定其他颜色来增加活动选区。

打开一幅图像，选择 选择(S) → 色彩范围(C)... 命令，弹出"色彩范围"对话框，设置参数如图 3.2.27 所示。

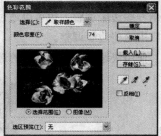

图 3.2.27　"色彩范围"对话框

选择(C)：：在其下拉列表中可选择所需的颜色范围。

颜色容差(F)：：用于设置色彩范围，可以直接在其后的文本框中输入数值或拖动滑块来设定颜色范围。数值越大，选择的颜色范围就越大。

选中 ⊙ 选择范围(E) 单选按钮，可在预览窗口内显示选取范围的预览图像。

选中 ⊙ 图像(M) 单选按钮，在预览窗口内将显示整个图像的状态。

选区预览(T)：：在其下拉列表中可设置图像中所建立的色域选区的预览效果。

选中 ☑ 反相(I) 复选框，可在选取区域与未被选取区域之间相互转换。

"吸管工具"按钮 ⟋：单击此按钮，可以在当前图像或预览图像上设定颜色范围。

"加色工具"按钮 ⟋：单击此按钮，可以增加已经确定的颜色范围。

"减色工具"按钮 ⟋：单击此按钮，可以减少已经确定的颜色范围。

单击 载入(L)... 或 存储(S)... 按钮，可载入或存储颜色范围。

在该对话框中设置完相关的参数后，单击 确定 按钮即可确定选择范围，其效果如图 3.2.28 所示。

原图

创建的选区

图 3.2.28　使用"色彩范围"命令创建选区效果

3.2.4　全选命令

利用全选命令可以一次性将整幅图像全部选取，具体的操作方法如下：

打开一幅图像，选择 选择(S) → 全部(A) 命令，或按"Ctrl+A"键，可将图像全部选取，如图 3.2.29 所示。

图 3.2.29　应用"全选"命令创建的选区

3.3　选区的修改与调整

选区的修改与调整包括选区的移动、取消选择、反向、扩大选取、选取相似、变换以及修改等操作，以下将进行具体介绍。

3.3.1　移动选区

在 Photoshop CS3 中可用以下 3 种方法移动选区。

（1）在图像中创建选区后，将鼠标移动到选区内，当光标呈 ⊵ 形状时，单击鼠标左键并拖动即可移动选区，效果如图 3.3.1 所示。

创建选区　　　　　　　　　　　　　移动后的选区

图 3.3.1　移动选区效果

（2）在图像中创建选区后，按键盘上的方向键，每按一次选区就会向方向键指示的方向移动 1 个像素。

（3）在按方向键的同时按住"Shift"键，每按一次，选区就会向方向键指示的方向移动 10 个像素。

3.3.2　填充选区

利用填充命令可以在创建的选区内部填充颜色或图案。下面通过一个例子介绍填充命令的使用方法，具体的操作步骤如下：

（1）按"Ctrl+N"键，新建一幅图像文件，然后单击工具箱中的"椭圆选框工具"按钮 ◯ ，在新建图像中创建一个椭圆选区，效果如图 3.3.2 所示。

（2）选择 编辑(E) → 填充(L)... 命令，弹出"填充"对话框，如图 3.3.3 所示。

（3）在 使用(U): 下拉列表中可以选择填充时所使用的对象。

（4）在 自定图案: 下拉列表中可以选择所需要的图案样式。该选项只有在 使用(U): 下拉列表中选择"图案"选项后才能被激活。

图 3.3.2　新建图像并创建选区

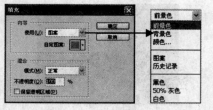

图 3.3.3　"填充"对话框

（5）在 模式(M): 下拉列表中可以选择填充时的混合模式。

（6）在 不透明度(O): 文本框中输入数值，可以设置填充时的不透明程度。

（7）选中 ☑保留透明区域(P) 复选框，填充时将不影响图层中的透明区域。

（8）设置完成后，单击 确定 按钮即可填充选区，如图 3.3.4 所示为使用前景和图案填充选区效果。

图 3.3.4　填充选区效果

3.3.3　描边选区

利用描边命令可以为创建的选区进行描边处理。下面通过一个例子来介绍描边命令的使用方法，具体的操作步骤如下：

（1）以如图 3.3.2 所示的选区为基础，选择 编辑(E) → 描边(S)... 命令，弹出"描边"对话框，如图 3.3.5 左图所示。

（2）在 宽度(W): 文本框中输入数值，设置描边的边框宽度。

（3）单击 颜色: 后的颜色框，可从弹出的"拾色器"对话框中选择合适的描边颜色。

（4）在 位置 选项区中可以选择描边的位置，从左到右分别为位于选区边框的内边界、边界中和外边界。

（5）设置完成后，单击 确定 按钮，即可对创建的选区进行描边，效果如图 3.3.5 右图所示。

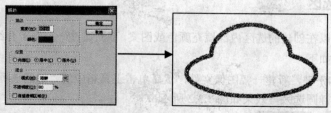

图 3.3.5　描边选区

3.3.4　取消选择

若要将创建的选区取消，可选择 选择(S) → 取消选择 (D) 命令，或按"Ctrl+D"键，即可取消选取。

3.3.5　反选选区

利用反选命令可将当前图像中的选区和非选区进行互换。用户可用以下 3 种方法来反选选区。

（1）在图像中创建选区，选择 选择(S) → 反选(I) 命令来实现。

（2）按"Ctrl+Shift+I"键，也可反选选区。

（3）在图像选区内单击鼠标右键，在弹出的快捷菜单中选择 选择反向 命令，即可反选选区，效果如图 3.3.6 所示。

创建选区　　　　　　　　　　　　　　　反选选区

图 3.3.6　反向选区效果图

3.3.6　扩大选区

利用扩大选区命令可使选区在图像上延伸，将连续的、色彩相近的像素点一起扩充到选区内。用魔棒工具单击创建选区，然后再选择 选择(S) → 扩大选取(G) 命令，效果如图 3.3.7 所示。

创建选区　　　　　　　　　　　　　　　扩大选区

图 3.3.7　扩大选区效果图

3.3.7　选取相似

利用扩大选区命令可以在图像上延伸，将连续和不连续的、色彩相似的像素点一起扩充到选区内。用魔棒工具单击创建选区，然后再选择 选择(S) → 选取相似(R) 命令，效果如图 3.3.8 所示。

创建选区　　　　　　　　　　　　　　　选取相似

图 3.3.8　选取相似效果图

3.3.8 变换选区

选择 **选择(S)** → **变换选区(T)** 命令，图像选区周围出现一个调节框，如图 3.3.9 所示。

图 3.3.9 图像选区调节框

此时，在属性栏位置出现自由变换属性栏，如图 3.3.10 所示。

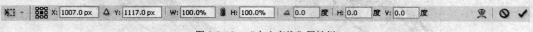

图 3.3.10 "自由变换"属性栏

W: 100.0% H: 100.0%：用户可以在文本框中输入数值，设定宽度和高度的缩放比例。

△ 0.0 度：用户可以在该文本框中输入数值，设定旋转的角度。

H: 0.0 度 V: 0.0 度：用户可以在文本框中输入数值，设定水平斜切和垂直斜切的角度。

图：单击该按钮，可以在自由变换和变形模式之间切换，如图 3.3.11 所示。

图 3.3.11 选区的自由变换模式和变形模式

○：单击该按钮，表示取消对选区的自由变换。

✓：单击该按钮，表示确认对选区的自由变换。

除了可以在属性栏中输入数值来设置自由变换的属性外，还可以直接在图像中拖动鼠标，对图像进行自由变换。其具体操作如下：

（1）将鼠标移动至选区调节框中的调节点处，当光标显示为 形状时，拖动鼠标即可旋转选区，如图 3.3.12 所示。

（2）将鼠标移动至选区调节框中的调节点处，当光标显示为 形状时，可对图像的选区进行任意缩放，如图 3.3.13 所示。

图 3.3.12 选区的旋转　　　　图 3.3.13 选区的放大

（3）按住"Ctrl+Shift"键，将鼠标光标移动至选区调节框中的调节点处，可对图像的选区进行水平方向或垂直方向的斜切变形，如图 3.3.14 所示。

（4）按住"Ctrl"键，将鼠标光标移动至选区调节框中的调节点处，可对图像的选区进行任意扭曲变形，如图 3.3.15 所示。

图 3.3.14　图像选区的水平斜切和垂直斜切　　　　图 3.3.15　图像选区的扭曲

（5）按住"Shift+Alt"键，将鼠标移动至调节框中的调节点处，可以对图像的选区进行水平方向或垂直方向的扭曲变形，如图 3.3.16 所示。

水平扭曲　　　　　　　　　　垂直扭曲

图 3.3.16　图像选区的水平扭曲和垂直扭曲

3.3.9　修改选区

修改选区主要是对选区的边缘进行设置，包括边界、平滑、扩展和收缩 4 个命令，它们都包含在 选择(S) → 修改(M) 命令子菜单中，如图 3.3.17 所示。

1. 扩边选区

扩边命令是用一个扩大的选区减去原选区，得到一个环形选区。具体的操作方法如下：

（1）打开一幅图像，并在其中创建选区，效果如图 3.3.18 所示。

边界(B)...	
平滑(S)...	
扩展(E)...	
收缩(C)...	
羽化(F)...	Alt+Ctrl+D

图 3.3.17　修改选区子菜单　　　　图 3.3.18　打开图像并创建选区

（2）选择 选择(S) → 修改(M) → 边界(B) 命令，弹出"边界选区"对话框，如图 3.3.19 所示。

（3）在 宽度(W): 文本框中输入数值，可设置边框的大小。

（4）设置完成后，单击 确定 按钮，效果如图 3.3.20 所示。

图 3.3.19 "边界选区"对话框   图 3.3.20 选区的扩边效果

2．平滑选区

平滑命令通过在选区边缘上增加或减少像素来改变边缘的粗糙程度，以达到一种平滑的选区效果。

以如图 3.3.18 所示图像选区为基础，选择 选择(S) → 修改(M) → 平滑(S)... 命令，弹出"平滑选区"对话框，设置参数如图 3.3.21 所示。设置完成后，单击 确定 按钮，效果如图 3.3.22 所示。

图 3.3.21 "平滑选区"对话框   图 3.3.22 选区的平滑效果

3．扩展选区

扩展命令可将当前的选区按设定的数目向外扩充，以达到扩展选区的效果。

以如图 3.3.18 所示图像选区为基础，选择 选择(S) → 修改(M) → 扩展(E)... 命令，弹出"扩展选区"对话框，设置参数如图 3.3.23 所示，设置完成后，单击 确定 按钮，效果如图 3.3.24 所示。

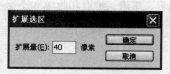

图 3.3.23 "扩展选区"对话框   图 3.3.24 选区的扩展效果

4．收缩选区

收缩命令可将当前的选区按设定的数目向内收缩，以达到收缩选区的效果。

以如图 3.3.18 所示图像选区为基础，选择 选择(S) → 修改(M) → 扩展(E)... 命令，弹出"收缩选区"对话框，设置参数如图 3.3.25 所示。设置完成后，单击 确定 按钮，效果如图 3.3.26 所示。

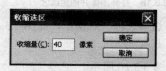

图 3.3.25 "收缩选区"对话框   图 3.3.26 选区的收缩效果

5. 羽化选区

如果图像中创建的选区不规则，其边缘就会出现锯齿，使图像显得生硬且不光滑，利用 选择(S) → 羽化(F)... 命令可使生硬的图像边缘变得柔和。

以如图 3.3.18 所示图像选区为基础，选择 选择(S) → 修改(M) → 羽化(F). 命令，弹出"羽化选区"对话框，设置参数如图 3.3.27 所示。设置完成后，单击 确定 按钮，效果如图 3.3.28 所示。

图 3.3.27　"羽化选区"对话框　　　　图 3.3.28　选区的羽化效果

3.4　选区内图像的编辑

本节主要介绍选区内图像的编辑，包括对图像文件进行复制、粘贴、删除、羽化和变形等操作，以下将进行具体介绍。

3.4.1　复制与粘贴图像

利用 编辑(E) 菜单中的 拷贝(C) 和 粘贴(P) 命令可对选区内的图像进行复制或粘贴，可通过按"Ctrl+C"键复制图像，按"Ctrl+V"键粘贴图像。具体的操作方法如下：

（1）打开一幅图像，利用选取工具在需要复制的部分创建选区，如图 3.4.1 所示。

（2）按"Ctrl+C"键复制选区内的图像，按"Ctrl+V"键对复制的选区内图像进行粘贴，然后单击工具箱中的"移动工具"按钮，将粘贴的图像移动到目标位置，效果如图 3.4.2 所示。

图 3.4.1　创建选区效果　　　　　图 3.4.2　粘贴后的图像

技巧：在图像中需要复制图像的部分创建选区，然后在按住"Alt"键的同时利用移动工具移动选区内的图像，也可复制并粘贴图像。

用户也可同时打开两幅图像，将其中一幅图像中的内容复制并粘贴到另外一幅图像中，其操作步骤和在一幅图像中的操作方法相同，这里不再赘述。

3.4.2　删除和羽化图像

在处理图像时，有时需要对部分图像进行删除，必须先对图像中需要删除的部分创建选区，再选

择 选择(S) → 清除(E) 命令，或按"Delete"键进行删除。如果图像中创建的选区不规则，其边缘就会出现锯齿，使图像显得生硬且不光滑，利用 选择(S) → 修改(M) → 羽化(F)... 命令可使生硬的图像边缘变得柔和。

下面将通过举例来介绍删除和羽化图像的方法。

（1）打开一幅图像，单击工具箱中的"椭圆选框工具"按钮 ○ ，在图像中创建一椭圆选区，如图 3.4.3 所示。

（2）选择 选择(S) → 修改(M) → 羽化(F)... 命令，或按"Ctrl+Alt+D"键，都可弹出"羽化选区"对话框，设置参数如图 3.4.4 所示。

图 3.4.3 打开图像并创建选区　　　　图 3.4.4 "羽化选区"对话框

（3）设置完成后，单击 确定 按钮，然后按"Ctrl+Shift+I"键反选选区，效果如图 3.4.5 所示。

（4）选择 编辑(E) → 清除(E) 命令，或按"Delete"键删除羽化后的选区内的图像，按"Ctrl+D"键取消选区，效果如图 3.4.6 所示。

图 3.4.5 反选选区效果　　　　　　图 3.4.6 删除并取消选区效果

3.4.3 变形选区内图像

在 Photoshop CS3 中新增了许多图像变形样式，可利用 编辑(E) 菜单中的 自由变换(F) 和 变换(A) 两个命令来完成，以下将进行具体介绍。

1. 自由变换命令

利用自由变换命令可对图像进行缩放、旋转、扭曲、透视和变形等各种变形操作，其具体的操作方法如下：

（1）打开一幅图像，单击工具箱中的"椭圆选框工具"按钮 ○ ，在图像中创建选区，效果如图 3.4.7 所示。

（2）选择 编辑(E) → 自由变换(F) 命令，在图像周围会出现 8 个调节框，如图 3.4.8 所示。

图 3.4.7 打开图像并创建选区　　　　图 3.4.8 应用自由变换命令

（3）将鼠标指针置于矩形框周围的节点上单击并拖动，即可将选区内图像放大或缩小，如图 3.4.9 所示为缩小选区内的图像效果。

（4）将鼠标指针置于矩形框周围节点以外，当指针变成 ↻ 形状时单击并移动鼠标可旋转图像，如图 3.4.10 所示。

图 3.4.9　缩小图像效果　　　　　　　　图 3.4.10　旋转图像效果

另外，执行自由变换命令以后，在其属性栏中还增加了"变形图像"按钮 ▨ ，单击此按钮其属性栏中会弹出 变形: 自定 ▾ 下拉列表框，单击右侧的下三角按钮 ▾ ，则可弹出变形图像下拉列表，如图 3.4.11 所示。

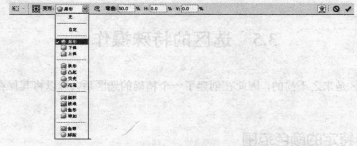

图 3.4.11　变形图像下拉列表

以下将列举几种图像变形效果，如图 3.4.12 所示。

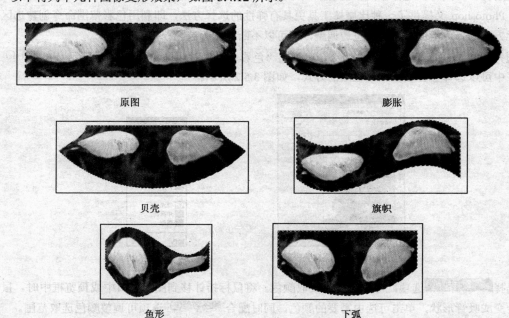

原图　　　　　　　　　　　　　　　　膨胀

贝壳　　　　　　　　　　　　　　　　旗帜

鱼形　　　　　　　　　　　　　　　　下弧

图 3.4.12　几种变形图像效果

2．变换命令

利用变换命令可对图像进行斜切、扭曲、透视等操作，其具体的操作方法如下：

以如图 3.4.7 所示的图像选区为基础，选择 编辑(E) → 变换(A) → 斜切(K) 命令，在图像周围会显示控制框，单击鼠标并调整控制框周围的节点，效果如图 3.4.13 所示。

利用 扭曲(D) 和 透视(P) 命令变形图像的方法和 斜切(K) 命令相同，扭曲效果和透视效果如图 3.4.14 和图 3.4.15 所示。

图 3.4.13 斜切选区内图像效果　　　图 3.4.14 扭曲图像效果　　　图 3.4.15 透视图像效果

3.5 选区的特殊操作

一个精确的选区是来之不易的，因此在创建了一个精确的选区后，可以将其保存起来，以便需要时再次载入使用。

3.5.1 选择特定的颜色范围

使用魔棒工具可以选择相同颜色的区域，但它不够灵活。当选取不满意时，只好重新选择一次。为此，Photoshop 又提供了一种比魔棒工具更具有弹性的选择方法，即利用色彩范围命令创建选区。使用此方法选择，不但可以边预览边调整，还可以不断地完善选区。

选择 选择(S) → 色彩范围(C)... 命令，可弹出"色彩范围"对话框，如图 3.5.1 所示。在 选择(C): 下拉列表中可以选择一种设置颜色范围的方式，如图 3.5.2 所示。

图 3.5.1 "色彩范围"对话框　　　图 3.5.2 选择下拉列表

选择 取样颜色 选项，可以用吸管吸取颜色。将鼠标指针移到图像窗口中或预览框中时，鼠标指针会变成吸管形状，单击可选中需要的颜色，同时配合 颜色容差(F): 选项可调整颜色选取范围。

在 颜色容差(F): 文本框中输入数值或拖动滑块，可调整色彩范围。数值越小，选取的色彩范围越小；数值越大，则包含的相近颜色越多，选取的色彩范围就越大。其取值范围在 0～200 之间，如图 3.5.3

所示。

图 3.5.3　设置颜色容差

图像预览框用于观察图像选区的形成情况，它包括两个选项。选中 选择范围(E) 单选按钮，图像预览框中显示的是选择的范围。其中白色为选中的区域，黑色为未选中的区域。如果取消选中该单选按钮，则图像预览框中为全黑色。选中 图像(M) 单选按钮，图像预览框中显示的是原始图像，用于观察和选择。

单击 选区预览(T) 下拉列表框，可从弹出的下拉列表中选择一种选项，用来控制图像窗口对所创建的选区进行预览，它提供了 5 种方式，如图 3.5.4 所示。

选择 无 选项，表示在图像窗口中将以正常的图像内容显示。

选择 灰度 选项，表示在图像窗口中以灰色调显示未被选择的区域。

选择 黑色杂边 选项，表示在图像窗口中以黑色显示未被选择的区域。

选择 白色杂边 选项，表示在图像窗口中以白色显示未被选择的区域。

选择 快速蒙版 选项，表示在图像窗口中以默认的蒙版颜色显示未被选择的区域。

如果对所选的区域不满意，可单击 色彩范围 对话框中的"添加到取样"按钮 ，在预览框中或图像窗口中单击，可以增加选区；单击"从取样中减去"按钮 ，在图像中单击可减少选区。

设置好参数后，单击 确定 按钮，可得到如图 3.5.5 所示的选区效果。

图 3.5.4　选区预览下拉列表

图 3.5.5　使用色彩范围创建选区

3.5.2　选区的存储与载入

在使用完选区之后，可以将它保存起来，以备日后重复使用。保存后的选区将会作为一个蒙版显示在通道面板中，当需要使用时可以从通道面板中载入进来。

1．存储选区

存储选区是将当前图像中的选区以 Alpha 通道的形式保存起来，具体的操作方法如下：

（1）使用选取工具创建一个选区，如图 3.5.6 所示。

（2）选择 选择 (S) → 存储选区 (V)... 命令，可弹出"存储选区"对话框，如图 3.5.7 所示。

图 3.5.6　创建的选区

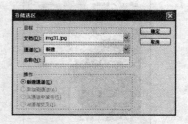

图 3.5.7　"存储选区"对话框

（3）在"存储选区"对话框中可以设置各项参数，其各参数的含义如下：

1）在 文档(D): 下拉列表框中可设置保存选区时的文件位置，默认为当前图像文件，也可以选择 新建 选项，新建一个图像窗口进行保存。

2）在 通道(C): 下拉列表中可以选择一个目的通道。默认情况下，选区被存储在新通道中，也可以将选区存储到所选图像的任何现有通道中。

3）在 名称(N): 文本框中可输入新通道的名称，在此可输入"人物"。该选项只有在 通道(C): 下拉列表中选择了 新建 选项时才有效。

4）在 操作 选项区中可设置保存时的选区与原有选区之间的组合关系，默认为选中 ⊙新建通道(E) 单选按钮。

（4）设置好参数后，单击 确定 按钮，即可保存选区，如图 3.5.8 所示。

2．载入选区

存储选区后可以载入选区，具体操作步骤如下：

（1）选择 选择(S) → 载入选区(L)... 命令，可弹出"载入选区"对话框，如图 3.5.9 所示。

图 3.5.8　保存选区

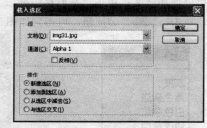

图 3.5.9　"载入选区"对话框

（2）在该对话框中可以设置各项参数，其参数含义介绍如下：

1）在 文档(D): 下拉列表中可选择图像的文件名，即从哪一个图像中载入的。

2）在 通道(C): 下拉列表中可选择通道的名称，即载入哪一个通道中的选区。

3）选中 ☑反相(V) 复选框，可使未选区域与已选区域互换，即反选选区。

4）在 操作 选项区中，选中 ⊙新建选区(N) 单选按钮，可将所选的通道作为新的选区载入到当前图像中；选中 ⊙添加到选区(A) 单选按钮，可将载入的选区与原有选区相加；选中 ⊙从选区中减去(S) 单选按钮，可将载入的选区与原有选区相减；选中 ⊙与选区交叉(I) 单选按钮，可使载入的选区与原有选区交叉相叠在一起。

（3）设置好参数后，单击 确定 按钮，即可载入选区。

3.6　典型实例——为图像添加月亮

本节综合运用前面所学的知识为图像添加月亮，最终效果如图 3.6.1 所示。

图 3.6.1　最终效果图

操作步骤

（1）选择 文件(F) —— 打开(O)... 命令或按"Ctrl+O"键，打开一幅图像，如图 3.6.2 所示。

（2）单击工具箱中的"椭圆选框工具"按钮 ，其属性栏设置如图 3.6.3 所示。

图 3.6.2　打开的图像

图 3.6.3　"椭圆选框工具"属性栏

（3）设置完成后，在打开的图像中绘制如图 3.6.4 所示的选区。

（4）选择 选择(S) —— 变换选区(T) 命令，旋转选区，效果如图 3.6.5 所示。

图 3.6.4　绘制选区

图 3.6.5　旋转选区效果

（5）按"Enter"键确认变换操作，选择 选择(S) —— 羽化(F)... 命令，弹出"羽化选区"对话框，设置参数如图 3.6.6 所示。

（6）设置完成后，单击 确定 按钮，在工具箱中将前景色设置为黄色（R：245，G：248，B：12），然后按"Alt+Delete"键填充选区，效果如图 3.6.7 所示。

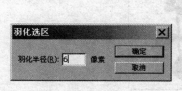

图 3.6.6　"羽化选区"对话框

图 3.6.7　填充羽化选区效果

（7）按"Ctrl+D"键取消选区，最终效果如图 3.6.1 所示。

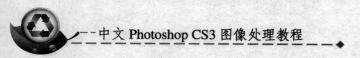

本 章 小 结

本章主要讲解了选区的创建与编辑，其中包括选区的概念、选区的创建与修改以及选区的特殊操作等知识，通过本章的学习，读者必须掌握各种创建选区工具的使用方法以及对选区的编辑操作，以便可以在处理图像的过程中更加快速地完成任务。

过 关 练 习

一、填空题

1. 套索工具组包括_____、_____和_____3 种。

2. 按"_____"组合键可以取消选区。

3. 利用_____工具可选择图像中颜色相似的不规则区域。

4. 修改选区命令包括_____、_____、_____和_____4 种。

二、选择题

1. 在任何情况下，选择各种选框工具，并按住"Shift"键，然后在图像窗口中单击鼠标并拖动，都起着（　）选区的作用。

    （A）增加　　　　　　　　　　　　（B）镂空

    （C）减去　　　　　　　　　　　　（D）交叉

2. 矩形选框工具和椭圆选框工具属于（　）选取工具组。

    （A）不规则　　　　　　　　　　　（B）规则

    （C）相近颜色　　　　　　　　　　（D）矩形

3. 如果要将图像中多余的部分裁掉，可以使用（　）。

    （A）剪切工具　　　　　　　　　　（B）矩形选框工具

    （C）魔棒工具　　　　　　　　　　（D）移动工具

三、简答题

在 Photoshop CS3 中，选区的修改有哪几种？

四、上机操作题

新建一个文件，利用本章所学知识绘制一幅如题图 3.1 所示的图形。

题图 3.1　效果图

第4章 描绘与修饰图像

章前导航

　　在 Photoshop CS3 中创作一幅作品时，需要绘制一些图像或对图像进行一些适当的编辑与修饰等操作，以达到所需的效果。本章主要介绍 Photoshop CS3 中绘制工具、编辑与修饰图像工具的使用方法和技巧。

本章要点

- ➡ 设置前景色与背景色
- ➡ 图像的描绘
- ➡ 图像的擦除
- ➡ 图像画面的处理
- ➡ 图像明暗度的处理
- ➡ 图像的修复
- ➡ 仿制与记录

4.1 设置前景色与背景色

在绘图时经常需要自行设定前景色和背景色。前景色是各种绘图工具绘图时所采用的颜色，而背景色则可以理解为画布所用的颜色，当用擦除工具擦除图像时，所显露出来的就是背景色。

在工具箱中前景色按钮显示在上面，背景色按钮显示在下面，如图 4.1.1 所示。在默认的情况下，前景色为黑色，背景色为白色。如果在使用过程中要切换前景色和背景色的设置，可在工具箱中单击"切换颜色"按钮 ，或按键盘上的"X"键。若要返回默认的前景色和背景色设置，则可在工具箱中单击"默认颜色"按钮 ，或按键盘上的"D"键。

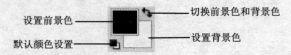

设置前景色 —————————— 切换前景色和背景色

默认颜色设置 —————————— 设置背景色

图 4.1.1　前景色/背景色图标

4.1.1　拾色器

若要更改前景色或背景色，可单击工具箱中的"设置前景色"或"设置背景色"按钮，弹出"拾色器"对话框，如图 4.1.2 所示。

图 4.1.2　"拾色器"对话框

1. 选择颜色

"拾色器"对话框左侧区域是色域图，在色域图上单击，单击处的颜色可作为用户需要的颜色。中间的彩色长条为色调调节杆，拖动色调调节杆上的滑块可以选择不同的颜色范围。在对话框中的右下角，显示了 4 种颜色模式（HSB，Lab，RGB 和 CMYK），用来定义颜色，在其对应的文本框中输入相应的数值可精确设置所需的颜色。设置完成后，单击 确定 按钮，即可用所选的颜色来填充前景色或背景色。

提示：在色域图中，左上角为纯白色（R，G，B 值分别为 255，255，255），右下角为纯黑色（R，G，B 值分别为 0，0，0）。

单击"拾色器"对话框中的 颜色库 按钮，可弹出"颜色库"对话框，如图 4.1.3 所示。用户可利用该对话框选择色彩体系并设置需要的颜色。

在"颜色库"对话框中，单击 色库(B): 右侧的 ▼ 按钮，可弹出"色库"下拉列表，在其中有 27 种类型的颜色库。这些颜色库是全球范围内不同公司或组织制定的色样标准。在进行彩色印刷时，可以根据按这些标准制作的颜色样本或色谱表来精确地选择和确定需要的颜色。另外，选择了一种颜色库后，还可以通过拖动中间的滑块来选择该色库中的某一种颜色。

2．选择 Web 安全色

选中"拾色器"对话框中的 ☑ 只有 Web 颜色 复选框，此时"拾色器"对话框如 4.1.4 所示，用户可以在其中选择在 Internet 上能正确显示的颜色。

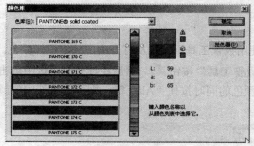

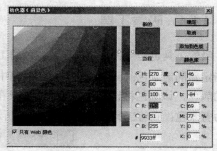

图 4.1.3　"颜色库"对话框　　　　　　　　图 4.1.4　选择 Web 安全色

4.1.2　颜色面板

在颜色面板中，用户可以轻松地设置前景色和背景色。如果要设置背景色，可先单击该面板左上角的背景色块，然后再拖动 R，G，B 颜色滑块即可调整背景色的颜色；也可直接用鼠标在面板最下面的颜色条上单击来获取颜色。

选择 窗口(W) → 颜色 命令，可打开颜色面板，如图 4.1.5 所示。单击该面板右上角的 ▶ 按钮，可以弹出如图 4.1.6 所示的面板菜单，可以在其中选择定义颜色模式。

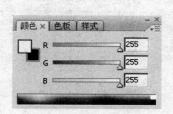

图 4.1.5　颜色面板　　　　　　　　　　图 4.1.6　颜色面板下拉菜单

4.1.3　色板面板

在 Photoshop CS3 中还提供了可以快速设置颜色的"色板"面板，选择 窗口(W) → 色板 命令，即可打开"色板面板"，如图 4.1.7 所示。在该面板中，用户可快速地设置前景色或背景色的颜色，同时也可将设置的前景色与背景色添加到"色板"面板中或删除此面板中的颜色。还可在"色板"面板中单击 ▼三 按钮，在弹出的下拉列表中选择一种预设的颜色样式添加到色板中作为当前色板，供用户参考使用。

设置前景色：将鼠标指针放置在色板内的某个颜色块上，此时鼠标指针会变成吸管状态，用吸管单击需要的颜色，该颜色就会显示在前景色图标上。

设置背景色：按住"Ctrl"键的同时在色板中单击，可以将选择的颜色设置为背景色。

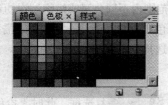

图 4.1.7　色板面板

4.1.4　吸管工具

吸管工具也是一种常用的设置颜色的工具。使用吸管工具不仅能从打开的图像中取样颜色，也可以指定新的前景色或背景色。单击工具箱中的"吸管工具"按钮，然后在打开的图像中单击要取样的颜色，该颜色将设置为前景色。如果在单击颜色的同时按住"Alt"键，则可以将选中的颜色设置为背景色。吸管工具属性栏如图 4.1.8 所示。

图 4.1.8　"吸管工具"属性栏

在 取样大小 下拉列表中可以选择颜色的选取范围。选择 取样点 选项时，可以读取所选区域的像素值；选择 3×3 平均 选项时，以吸取点周围 3×3 个像素区域内的平均颜色为吸取的颜色。修改吸管的取样大小会影响"信息"面板中显示的颜色数值。

在吸管工具的下方是颜色取样工具，利用该工具可以吸取到图像中任意一点的颜色并以数字的形式在"信息"面板中表示出来。如图 4.1.9 所示的（a）图为未取样时的"信息"面板，（b）图为取样后的"信息"面板。

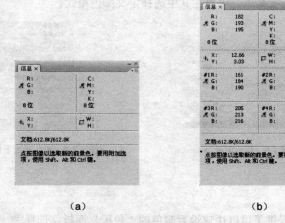

（a）　　　　　　　　　（b）

图 4.1.9　取样前后的"信息"面板

4.2　图像的描绘

利用描绘图像工具可以直接在绘图区中绘制图形，描绘图像工具包括画笔工具、铅笔工具、颜色替换工具、渐变工具和油漆桶工具。

4.2.1　画笔工具

单击工具箱中的"画笔工具"按钮 ，其属性栏如图 4.2.1 所示，可以在其中精确设置画笔的各项参数。

图 4.2.1　"画笔工具"属性栏

单击属性栏中的 按钮，可弹出工具预设列表，如图 4.2.2 所示，单击预设列表右侧的"创建新的工具预设"按钮 ，可弹出"新建工具预设"对话框，如图 4.2.3 所示，在其中设置相关的参数，然后单击 确定 按钮即可将设置好的笔触属性添加到预设列表中。

图 4.2.2　工具预设列表　　　　　　图 4.2.3　"新建工具预设"对话框

单击 画笔:选项右侧的 按钮，可弹出如图 4.2.4 所示的画笔下拉列表，可在其中选择画笔的笔触大小和笔触硬度，单击面板右侧的"新建"按钮 ，用户可以根据需要自己设定画笔。

单击 模式:选项右侧的 正常 按钮，可弹出如图 4.2.5 所示的模式下拉列表，在不同的模式下，画笔在图像上产生的颜色将以不同的模式和其他图层中的颜色混合。

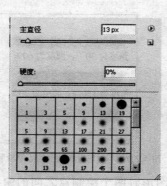

图 4.2.4　画笔下拉列表　　　　　图 4.2.5　模式下拉列表

不透明度::在该文本框中输入数值，可以设置绘制图形时笔触的不透明程度，其对比效果如图 4.2.6 所示。

不透明度为 100%　　　　　　　　　不透明度为 30%

图 4.2.6　不透明度对比效果

流量::在该文本框中输入数值，可以控制画笔的流量。

 ：单击此按钮，可以启用喷枪工具，用于对图像应用渐变色调。

□：单击此按钮，可打开如图 4.2.7 所示的画笔面板。

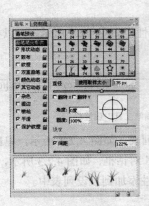

图 4.2.7　画笔面板（之一）

画笔面板中的各选项介绍如下：

（1）选择 **画笔笔尖形状** 选项，画笔面板如图 4.2.8 所示，可在其中设置画笔的直径、旋转角度、圆度、间距等基本特性。

1）**直径(D)**：在该文本框中输入数值，可以设置绘制线条的粗细程度。

2）**角度(A)**：在该文本框中输入数值，可设置画笔绘制时的角度。输入角度数值范围在 $-180°$ ～ $180°$ 之间。如图 4.2.9 所示为使用不同角度和圆度的画笔所绘制的图形。

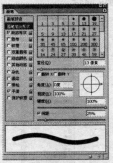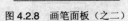

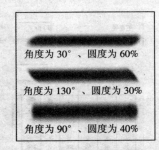

角度为 30°、圆度为 60%

角度为 130°、圆度为 30%

角度为 90°、圆度为 40%

图 4.2.8　画笔面板（之二）　　　　图 4.2.9　不同角度和圆度的画笔绘制效果

3）选中 **☑间距** 复选框，可以设置绘制图形时两个绘制点之间的中心距离，取值范围为 1%～1 000%。

（2）选中 **☑形状动态** 复选框，画笔面板如图 4.2.10 所示，可以在其中设置画笔在绘制图形时的动态特性。

图 4.2.10　设置"形状动态"参数及其效果图

（3）选中 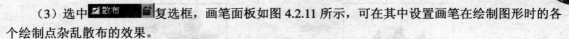 散布 复选框，画笔面板如图 4.2.11 所示，可在其中设置画笔在绘制图形时的各个绘制点杂乱散布的效果。

 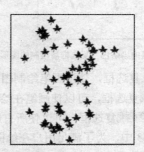

图 4.2.11　设置"散布"参数及其效果图

（4）选中 纹理 复选框，画笔面板如图 4.2.12 所示。可在其中设置画笔的纹理，使绘制出的图形不是单一的颜色，而是指定的纹理效果。

图 4.2.12　设置"纹理"参数及其效果图

（5）选中 颜色动态 复选框，画笔面板如图 4.2.13 所示，可在其中设置画笔在绘制图形时颜色自动发生变化的效果。

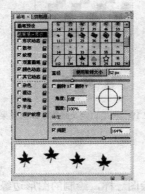 

图 4.2.13　设置"颜色动态"参数及其效果图

（6）选中 杂色 复选框，可以设置画笔在绘制图形时产生的杂点数量，如图 4.2.14 所示。

（7）选中 湿边 复选框，使用画笔绘制图形时可以产生类似于水彩绘画的效果，如图 4.2.15 所示。

图 4.2.14　选中"杂色"复选框后绘制的图形　　　图 4.2.15　选中"湿边"复选框后绘制的图形

（8）选中 ☑喷枪 复选框，使用画笔绘制图形时可以产生雾状图案效果，主要用来对图像上色。

（9）选中 ☑平滑 复选框，可以使画笔在绘制曲线时更加平滑。

（10）选中 ☑保护纹理 复选框，可以使所有选择纹理选项的画笔具有相同的比例。

　　在 Photoshop CS3 中，为了满足用户在绘图时的需要，还可将任意形状的选区图像定义为画笔。但是，在画笔中只保存了相关图像信息，而不保存其色彩，因此，自定义的画笔均为灰度图像。定义画笔的具体的操作方法如下：

　　（1）按"Ctrl+O"键打开一幅图像，将其中的花图像选取，作为自定义画笔的图像区域，如图 4.2.16 所示。

　　（2）选择 编辑(E) → 定义画笔预设(B)... 命令，弹出"画笔名称"对话框，如图 4.2.17 所示。

　　图 4.2.16　打开图像并创建选区　　　　图 4.2.17　"画笔名称"对话框

　　（3）设置完成后，单击 确定 按钮，然后选择画笔工具，在其工具属性栏中打开画笔下拉列表，即可看到自定义的画笔出现在画笔列表的最下方，如图 4.2.18 所示。

　　（4）选择自定义的画笔，然后根据需要在画笔面板中设置自定义画笔的各项属性，然后进行绘制，效果如图 4.2.19 所示。

　　图 4.2.18　预设画笔面板　　　　图 4.2.19　使用自定义画笔绘制的效果

4.2.2　铅笔工具

　　使用铅笔工具 ✏ 绘制图形就像在现实中利用铅笔绘图一样，绘制的图形边缘比较生硬，铅笔工具属性栏如图 4.2.20 所示。

图 4.2.20　"铅笔工具"属性栏

铅笔工具的属性栏与画笔工具的基本相同，只是多了 ☑ 自动抹除 复选框。选中该复选框表示使用铅笔工具绘图时，如果光标中心所处的位置包含了前景色，则以背景色进行绘图；如果光标中心所处位置不包含前景色，则以前景色绘图。

使用铅笔工具绘制图形，效果如图 4.2.21 所示。

love　　　love

　　未选中"自动抹除"绘制的图形　　　　　选中"自动抹除"绘制的图形

图 4.2.21　使用铅笔工具绘制图形

4.2.3　颜色替换工具

使用颜色替换工具 [图标] 能够进行图像中特定颜色的替换。使用要替换成的颜色在图像区域绘画即可完成颜色的替换，该工具对于"位图""索引"或"多通道"颜色模式的图像无效。

颜色替换工具属性栏如图 4.2.22 所示。

图 4.2.22　"颜色替换工具"属性栏

（1）模式：该选项用于设置使用颜色替换工具时的绘画模式，在该选项中，通常将模式设置为"颜色"。

（2）[图标]：单击该按钮，表示随着鼠标的拖移连续进行颜色的取样。

（3）[图标]：单击该按钮，表示颜色的替换只包含第一次单击鼠标所取样的颜色。

（4）[图标]：单击该按钮，表示只替换图像中包含当前背景色的颜色区域。

（5）限制：单击该选项右侧的下拉按钮 [图标]，弹出其下拉列表，在其中包含 3 个选项：不连续、连续和查找边缘。

1）不连续：选择此选项，将替换出现在鼠标指针下任意位置的颜色。

2）连续：选择此选项，将替换图像中与鼠标指针所处位置颜色邻近的颜色。

3）查找边缘：选择此选项，将替换包含样本颜色的连接区域，同时更好地保留形状边缘的锐化程度。

使用颜色替换工具替换图像中的颜色，效果如图 4.2.23 所示。

　　　　原始图像　　　　　　　　　　替换颜色后的图像

图 4.2.23　使用颜色替换工具替换图像的颜色

注意：用户可按住"Alt"键在图像中单击确定替换的颜色，也可以在前景色色块中选择要替换的颜色。

4.2.4 渐变工具

利用渐变工具可以使图像产生逐渐过渡的颜色效果，还可以产生透明的渐变效果。单击工具箱中的"渐变工具"按钮，其属性栏如图 4.2.24 所示。

图 4.2.24 "渐变工具"属性栏

单击右侧的三角形按钮，可弹出渐变样式下拉列表，该样式列表框中只包含了几种默认的渐变颜色样式，如果需要其他渐变样式，用户可以单击该列表框右侧的黑色三角按钮，在弹出的下拉菜单中添加所需的渐变颜色样式，如图 4.2.25 所示。

单击色块，可弹出"渐变编辑器"对话框，如图 4.2.26 所示。在该对话框中用户可以根据需要修改、编辑或创建新的渐变颜色样式。

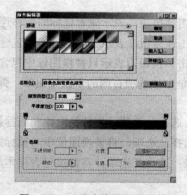

图 4.2.25 渐变样式下拉菜单　　　图 4.2.26 "渐变编辑器"对话框

"渐变编辑器"对话框中的参数设置如下：

在 **预设** 选项区中显示了默认的渐变颜色样式，用户可以选择其中的一种渐变为基础，进行编辑修改。设置完成后，单击 **新建(W)** 按钮，即可创建新的渐变样式，并显示在预设选项区中。

渐变类型(T)： 在该下拉列表中可以选择渐变的类型，包括实底和杂色两种。

平滑度(M)： 在该文本框中输入数值，可以设置渐变效果的平滑程度。数值越大，渐变越平滑细腻。

渐变控制条上面的色标显示了渐变的不透明度，白色图标表示完全透明，黑色图标表示完全不透明。在色标控制条上面单击，可以给渐变添加不透明度色标。

渐变控制条下面的色标显示了渐变的编辑颜色。在色标控制条下面单击，可以添加渐变所需颜色。

： 在该组按钮中可以选择渐变的类型，包括线性渐变、径向渐变、角度渐变、对称渐变和菱形渐变 5 种，如图 4.2.27 所示。

原图

线性渐变

径向渐变

角度渐变

对称渐变

菱形渐变

图 4.2.27 渐变类型效果

模式：在该下拉列表中可以选择渐变色彩的混合模式。

不透明度：在该文本框中输入数值，可以设置渐变的不透明度。

选中 **反向** 复选框，可产生与原来渐变相反的渐变效果。

选中 **仿色** 复选框，可以在渐变过程中产生色彩抖动效果，把两种颜色之间的像素混合，使色彩过渡得平滑一些。

选中 **透明区域** 复选框，可以设置渐变效果的透明度。

4.2.5 油漆桶工具

利用油漆桶工具可以用颜色或图案填充选区或图层，其属性栏如图 4.2.28 所示。选取所需的颜色后直接使用油漆桶工具在选区上单击即可完成颜色的填充。

图 4.2.28 "油漆桶工具"属性栏

在 **前景** 下拉列表中可以选择渐变填充的方式，包括"前景"和"图案"两种类型，当选择 **前景** 选项时，在图像中相应的范围内填充前景色，填充效果如图 4.2.29 所示；当选择 **图案** 选项时，在图像中相应的范围内填充图案，填充效果如图 4.2.30 所示。

模式：在该下拉列表中可以选择填充图像与原图的混合模式。

不透明度：在该文本框中输入数值，可以设置填充内容的不透明度。

容差：在文本框中输入数值，可以用来控制图像中的填色范围。

图 4.2.29 前景色填充效果

图 4.2.30 图案填充效果

选中 消除锯齿 复选框，可使填充内容的边缘不产生锯齿效果，该选项在当前图像中有选区时才能使用。

选中 连续的 复选框，只对与鼠标落点所在像素点的颜色相同或相近的所有像素点进行填充。若不选中此复选框，对图像中所有与鼠标落点所在像素点的颜色相同或相近的像素点进行填充。

4.3 图像的擦除

擦除图像工具包括橡皮擦工具、背景橡皮擦工具和魔术橡皮擦工具 3 种，如图 4.3.1 所示，下面将分别介绍其使用方法。

图 4.3.1 橡皮擦工具组

4.3.1 橡皮擦工具

利用橡皮擦工具可在背景图像或选择区域内用背景色擦除部分图像。但如果是在某一图层中或透明背景中，橡皮擦工具将以透明色擦除图像。单击工具箱中的"橡皮擦工具"按钮 ，其属性栏如图 4.3.2 所示。

图 4.3.2 "橡皮擦工具"属性栏

模式：：在该下拉列表中可以选择不同的擦除模式。

选中 抹到历史记录 复选框，使用橡皮擦工具就好像使用历史记录画笔工具一样，可将指定的图像区域恢复至快照或某一操作步骤的状态。

选择橡皮擦工具后，在图像中单击并拖动鼠标即可擦除图像，如果擦除的图像图层被部分锁定，擦除区域的颜色以背景色取代；如果擦除的图像图层未被锁定，擦除的区域将变成透明的区域，显示出原始背景层。如图 4.3.3 所示为图像被锁定擦除的效果。

图 4.3.3 利用橡皮擦工具擦除图像效果

4.3.2 背景橡皮擦工具

背景色橡皮擦工具可以清除图层中指定范围内的颜色像素，并以透明色代替被擦除的图像区域。单击工具箱中的"背景色橡皮擦工具"按钮 ，其属性栏如图 4.3.4 所示。

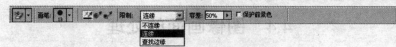

图 4.3.4　"背景色橡皮擦工具"属性栏

：用这 3 个按钮可以设置颜色取样的模式，从左到右分别是连续的、一次、背景色板 3 种模式。

限制：在该选项的下拉列表中可以选择擦除时的擦除方式，包括 3 个选项：连续、不连续、查找边缘。使用"不连续"方式擦除时只擦除与擦除区域相连的颜色；使用"连续"方式擦除时将擦除图层上所有取样颜色；使用"查找边缘"擦除时能较好地保留擦除位置颜色反差较大的边缘轮廓。

容差：在该选项中输入数值，可以设置擦除颜色的范围，数值越大，擦除的颜色范围越大。

选中 保护前景色 复选框，在擦除时与前景色相同的颜色区域将不被擦除。

用背景橡皮擦工具在图像中需要擦除的位置单击并拖动，即可擦除图像，效果如图 4.3.5 所示。

图 4.3.5　利用背景色橡皮擦工具擦除图像效果

4.3.3　魔术橡皮擦工具

利用魔术橡皮擦工具可以擦除图像中颜色相近的区域，并且以透明色代替被擦除的区域。其擦除范围由属性栏中的容差值来控制，该工具的使用方法与魔棒工具相似，单击工具箱中的"魔术橡皮擦工具"按钮，其属性栏如图 4.3.6 所示，然后在图像中需要擦除的区域单击鼠标，即可将与鼠标的位置相近的颜色擦除。

图 4.3.6　"魔术橡皮擦工具"属性栏

容差：在该文本框中输入数值，可以设置擦除颜色范围的大小，输入的数值越小则擦除的范围越小。

选中 连续 复选框，在擦除时只对连续的、符合颜色容差要求的像素进行擦除，如图 4.3.7 所示的左图为选中"连续"复选框并单击下图的鲜花后擦除的效果；而右图为未选中"连续"复选框并单击下图的鲜花后擦除的效果。

图 4.3.7　利用魔术橡皮擦工具擦除图像效果

4.4　图像画面的处理

图像画面处理工具包括模糊工具、锐化工具和涂抹工具 3 种，如图 4.4.1 所示，利用该组工具可对图像进行模糊或清晰处理。下面将分别介绍其使用方法。

图 4.4.1　画面处理工具组

4.4.1　模糊工具

模糊工具可以柔化图像中突出的色彩和较硬的边缘，使图像中的色彩过渡平滑，从而达到模糊图像的效果。单击工具箱中的"模糊工具"按钮 ，其属性栏如图 4.4.2 所示。

图 4.4.2　"模糊工具"属性栏

模糊工具一般用于对图像的局部进行处理。首先打开一幅图像，在其属性栏中设置画笔大小、模式和模糊的强度，然后再将鼠标光标移至图像上单击并拖动即可。如图 4.4.3 所示为对图像中的风景进行模糊处理的效果。

图 4.4.3　利用模糊工具处理图像效果

4.4.2　锐化工具

锐化工具与模糊工具功能恰好相反，即通过增加图像相邻像素间的色彩反差使图像的边缘更加清晰。单击工具箱中的"锐化工具"按钮 ，其属性栏与模糊工具相同，这里不再赘述。然后在图像中需要修饰的位置单击并拖动鼠标，可使图像变得更加清晰，效果如图 4.4.4 所示。

图 4.4.4　利用锐化工具处理图像效果

4.4.3 涂抹工具

利用涂抹工具可以制作出一种类似于用手指在湿颜料中拖动后产生的效果。单击工具箱中的"涂抹工具"按钮，其属性栏如图 4.4.5 所示。

图 4.4.5 "涂抹工具"属性栏

其属性栏中的选项与模糊工具的相同，唯一不同的是 复选框，选中此复选框，用前景色在图像中进行涂抹；不选中此复选框，则只对拖动图像处的色彩进行涂抹。如图 4.4.6 所示的左图为未选中 手指绘画 复选框时涂抹的效果，右图为选中 手指绘画 复选框后涂抹的效果。

图 4.4.6 利用涂抹工具修饰图像效果

4.5 图像明暗度的处理

图像明暗度处理工具包括减淡工具、加深工具和海绵工具 3 种，如图 4.5.1 所示，利用该组工具可将图像的颜色或饱和度加深或减淡。下面将分别介绍其使用方法。

图 4.5.1 明暗度处理工具组

4.5.1 减淡工具

利用减淡工具可以对图像中的暗调进行处理，增加图像的曝光度，使图像变亮。单击工具箱中的"减淡工具"按钮，其属性栏如图 4.5.2 所示。

图 4.5.2 "减淡工具"属性栏

范围：在该下拉列表中可以选择减淡效果的范围，包括暗调、中间调和高光 3 种。选择 暗调 选项，可用来更改图像的暗区部分；选择 中间调 选项，可用来更改灰色的中间调范围；选择 高光 选项，可用来更改亮区部分。

曝光度：在该文本框中输入数值，可以设置图像的减淡程度，其取值范围为 0～100%，输入的数值越大，对图像减淡的效果就越明显。

当需要对图像进行亮度处理时，可先打开一幅图像，然后单击需要减淡的图像部分即可将图像的颜色进行减淡，如图 4.5.3 所示为对图像的局部进行减淡处理的效果。

图 4.5.3　利用减淡工具调整图像效果

4.5.2　加深工具

加深工具和减淡工具恰好相反，加深工具是将图像颜色加深，或增加曝光度使照片中的区域变暗。单击工具箱中的"加深工具"按钮，其属性栏与减淡工具的相同，这里不再赘述，然后单击图像中需要加深的位置，即可使图像变得更加清晰，效果如图 4.5.4 所示。

图 4.5.4　利用加深工具调整图像效果

4.5.3　海绵工具

利用海绵工具可以精确地更改图像中某一区域的色彩饱和度。在灰度模式下，通过使灰阶远离或靠近中间灰色来增加或降低图像的对比度。单击工具箱中的"海绵工具"按钮，其属性栏如图 4.5.5 所示。

图 4.5.5　"海绵工具"属性栏

在 模式: 下拉列表框中可选择更改颜色的模式，其下拉列表中包括 去色 和 加色 两个选项。选择"去色"模式可减弱图像颜色的饱和度；选择"加色"模式可加强图像颜色的饱和度。使用海绵工具修饰图像效果如图 4.5.6 所示。

原图像　　　　　　　　　去色　　　　　　　　　加色

图 4.5.6　使用海绵工具修饰图像效果

4.6　图像的修复

修复图像工具包括污点修复画笔工具、修复画笔工具、修补工具和红眼工具4种，如图4.6.1所示。该组工具可以有效地修复图像上的杂质、污点、刮痕和褶皱等缺陷。

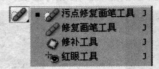

图4.6.1　修复图像工具组

4.6.1　污点修复画笔工具

污点修复画笔工具可以快速地将图像上的污点修复到满意的效果。单击工具箱中的"污点修复画笔工具"按钮，其属性栏如图4.6.2所示。

图4.6.2　"污点修复画笔工具"属性栏

在 类型: 选项区中可以选择修复后的图像效果，包括 近似匹配 和 创建纹理 两个单选按钮，修复时选中 近似匹配 单选按钮，则使用选区边缘周围的像素来查找要用做选定区域修补的图像；修复时选中 创建纹理 单选按钮，则使用选区中的所有像素创建用于修复该区域的纹理。

选择污点修复画笔工具，然后在图像中想要去除的污点上单击或拖曳鼠标，即可将图像中的污点消除，而且被修改的区域可以无缝混合到周围图像环境中，效果如图4.6.3所示。

图4.6.3　利用污点修复画笔工具修复图像效果

4.6.2　修复画笔工具

修复画笔工具可以清除图像中的蒙尘、划痕及褶皱等，同时保留图像的阴影、光照和纹理等效果，从而使修复后的图像更加自然地融入图像的其余部分。单击工具箱中的"修复画笔工具"按钮，其属性栏如图4.6.4所示。

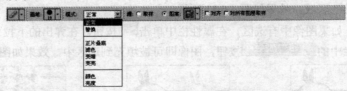

图4.6.4　"修复画笔工具"属性栏

选中 取样 单选按钮，则可将图像中的一部分作为样品进行取样，用来修饰图像的另一部分，并将取样部分与图案融合部位用一种颜色模式混合，效果如图4.6.5所示。

提示：取样时按住键盘上的"**Alt**"键，当鼠标光标变成 ⊕ 形状时，单击鼠标，取样完成，然后在图像的其他部位涂抹即可。

选中 ⊙ 图案 单选按钮后，单击右侧的 ▦ 按钮，在弹出的下拉列表中可以选择一种图案，直接在图像中拖动鼠标进行涂抹修复，也可以创建选区后进行修复，效果如图 4.6.6 所示。

图 4.6.5 取样修复

图 4.6.6 图案修复

4.6.3 修补工具

修补工具和修复工具的功能相同，但使用方法完全不同，利用修补工具可以自由选取需要修复的图像范围。单击工具箱中的"修补工具"按钮 ◌，其属性栏如图 4.6.7 所示。

图 4.6.7 "修补工具"属性栏

选中 ⊙ 源 单选按钮，在图像中创建一个选区，用鼠标拖动该区域，如图 4.6.8 所示。在图中可以看出，选区是作为要修补的区域，效果如图 4.6.9 所示。

图 4.6.8 拖动源选区

图 4.6.9 修补效果

选中 ⊙ 目标 单选按钮，同样在图像中创建一个选区，拖动选区，如图 4.6.10 所示。"目标"选项是将选区作为要修补的区域，效果如图 4.6.11 所示。

使用图案：如果图像中有选区，在属性栏中单击 ▦ 按钮，在弹出的下拉列表中选择一种图案，然后单击属性栏中的 **使用图案** 按钮，图像即可被填充到选区中，效果如图 4.6.12 所示。

图 4.6.10 拖动目标选区

图 4.6.11 修补效果

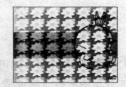
图 4.6.12 使用图案填充选区效果

4.6.4　红眼工具

红眼工具可移去用闪光灯拍摄的人物照片中的红眼，也可以移去用闪光灯拍摄的动物照片中的白色或绿色反光。单击工具箱中的"红眼工具"按钮，其属性栏如图 4.6.13 所示。

图 4.6.13　"红眼工具"属性栏

瞳孔大小：在该文本框中输入数值，可设置瞳孔（眼睛暗色的中心）的大小。

变暗量：在该文本框中输入数值，可设置瞳孔的明暗度。

4.7　仿制与记录

在 Photoshop CS3 中使用仿制图章工具可以仿制图像中的某个部分，通过历史记录画笔结合"历史记录"面板也可以对当前的图像进行修饰和润色。下面主要介绍仿制图章工具组和历史记录画笔工具组中各工具的使用方法。

4.7.1　仿制图章工具

利用仿制图章工具可以将取样的图像应用到其他图像或同一图像的其他位置。单击工具箱中的"仿制图章工具"按钮，其属性栏如图 4.7.1 所示。

图 4.7.1　"仿制图章工具"属性栏

其属性栏中的选项与画笔工具的相同，唯一不同的是 自动抹除 复选框，当选中该复选框时，只能复制出一个固定位置的图像；若不选中该复选框，则可以连续复制多个相同区域的图像。

用仿制图章工具复制图像时，首先要在按住"Alt"键的同时利用该工具单击要复制的图像范围取样，然后在要复制的目标位置处单击鼠标即可复制原图像到该位置。如图 4.7.2 所示为将图像中右边的娃娃图像复制到图像的左侧。

图 4.7.2　利用仿制图章工具复制图像示意图

4.7.2　图案图章工具

利用图案图章工具可以将系统自带的或用户定义的图像复制到目标图像中。与仿制图章工具不同的是，仿制图章工具主要复制图像中现有的图像效果，而图案图章工具主要是复制系统自带的图案或用户自定义的图案。单击工具箱中的"图案图章工具"按钮，其属性栏如图 4.7.3 所示。

图 4.7.3　"图案图章工具"属性栏

单击 右侧的三角形按钮 ，可在弹出的下拉列表中选择系统默认和用户自己定义好的图案。
选中 印象派效果 复选框，所绘制的图案类似于印象派艺术画效果。

（1）打开一个图像文件，利用矩形选框工具创建如图 4.7.4 所示的选区。
（2）选择 编辑(E) → 定义图案(Q)... 命令，弹出"图案名称"对话框，如图 4.7.5 所示。

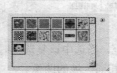

图 4.7.4　使用矩形选框工具创建的选区

图 4.7.5　"图案名称"对话框

（3）在 名称(N): 文本框中输入图案名称，单击 确定 按钮，即可完成图案的定义。
（4）按快捷键"Ctrl+D"取消创建的选区。

（5）选择图案图章工具，在其属性栏中单击图案选项右侧的下拉按钮 ，弹出图案下拉列表，
可发现定义的图案出现在该下拉列表中，选中定义的图案，如图 4.7.6 所示。

（6）打开一个图像，如图 4.7.7 所示，然后选中人物，再按"Ctrl+Shift+I"进行反选，然后在图
像中拖动鼠标即可完成图案的复制，如图 4.7.8 所示。

图 4.7.6　图案下拉列表　　　图 4.7.7　打开的图像

图 4.7.8　使用图案图章工具复制图像

4.7.3　历史记录画笔工具

利用历史记录画笔工具可以将已经被编辑的图像恢复到打开的图像状态，其具体的操作方法
如下：

（1）打开一幅图像，使用矩形选框工具在图像中绘制选区，设置前景色为"白色"，按"Alt+Delete"
键填充选区，如图 4.7.9 所示。

（2）在历史记录面板中打开的名称列表前单击 图标，使其显示出 图标，如图 4.7.10 所示。

图 4.7.9　创建选区并填充　　　图 4.7.10　历史记录面板

（3）单击工具箱中的"历史记录画笔工具"按钮 ，其属性栏设置如图 4.7.11 所示。

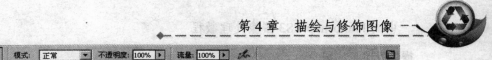

图 4.7.11　"历史记录画笔工具"属性栏

（4）设置完成后，在图像中的白色选区中按住鼠标并来回拖动，即可显示出打开图像时的状态，如图 4.7.12 所示。

图 4.7.12　使用历史记录画笔工具恢复图像

4.7.4　历史记录艺术画笔工具

历史记录艺术画笔工具可利用指定的历史状态或快照作为绘画来源绘制各种艺术效果。单击工具箱中的"历史记录艺术画笔工具"按钮，可以根据属性栏中提供的多种样式对图像进行多种艺术效果处理，如图 4.7.13 所示。

原图　　　　　　　　　　　效果图

图 4.7.13　使用历史记录艺术画笔工具的效果

4.8　典型实例——绘制蜡烛

本节综合运用前面所学的知识绘制燃烧的蜡烛，最终效果如图 4.8.1 所示。

图 4.8.1　最终效果图

操作步骤

（1）选择 文件(F) → 新建(N)... 命令，弹出"新建"对话框，设置参数如图 4.8.2 所示。设置完成后，单击 确定 按钮，新建一个图像文件。

（2）单击工具箱中的"矩形选框工具"按钮 ，在新建图像中创建一矩形选区，效果如图 4.8.3 所示。

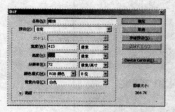

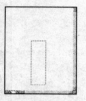

图 4.8.2　"新建"对话框　　　　图 4.8.3　创建的矩形选区

（3）单击工具箱中的"渐变工具"按钮 ，其属性栏设置如图 4.8.4 所示，在其中将渐变样式设置为"黄色（255，255，0）、橙色（255，110，0）、黄色"，渐变类型设置为"线性渐变"。

图 4.8.4　"渐变工具"属性栏

（4）设置完成后，单击鼠标在图像中从左到右拖出一条直线，如图 4.8.5 所示，渐变效果如图 4.8.6 所示。

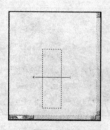

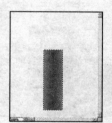

图 4.8.5　渐变操作　　　　　　图 4.8.6　渐变效果

（5）按"Ctrl+D"键取消选区，单击工具箱中的"套索工具"按钮 ，在图像中创建火焰选区，效果如图 4.8.7 所示。

（6）重复步骤（3）～（4）的操作，对创建的火焰选区进行渐变填充，效果如图 4.8.8 所示。

图 4.8.7　创建的火焰选区　　　　图 4.8.8　填充火焰选区效果

（7）单击工具箱中的"画笔工具"按钮 ，其属性栏设置如图 4.8.9 所示，单击其中的"切换画笔面板"按钮 ，即可打开画笔面板，设置参数如图 4.8.10 所示。

（8）设置完成后，将前景色设置为黑色，在新建图像中单击并拖动鼠标绘制灯芯，效果如图 4.8.11 所示。

图 4.8.9 "画笔工具"属性栏

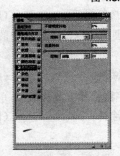

图 4.8.10 画笔面板参数设置　　　　图 4.8.11 绘制的灯芯效果

（9）单击工具箱中的"涂抹工具"按钮，其属性栏设置如图 4.8.12 所示。

图 4.8.12 "涂抹工具"属性栏

（10）设置完成后，在图像中单击并拖动鼠标，对绘制的蜡烛进行涂抹修改，最终效果如图 4.8.1
所示。

本 章 小 结

本章主要介绍了在 Photoshop CS3 中进行图像的绘制与编辑操作。主要包括绘制图像、修饰图像、
修复与修补图像以及渐变工具的使用方法。通过本章的学习，读者应了解并掌握在 Photoshop CS3 中
图像的一些处理方法和技巧，从而创造出具有视觉艺术感的图像。

过 关 练 习

一、填空题

1．擦除图像工具包括＿＿＿＿＿＿＿、＿＿＿＿＿＿＿＿＿和＿＿＿＿＿＿＿3 种。

2．修复图像工具包括＿＿＿＿＿＿＿、＿＿＿＿＿＿、＿＿＿＿＿＿＿＿和＿＿＿＿＿＿4 种。

3．渐变工具包括＿＿＿＿＿＿＿、＿＿＿＿＿＿＿、＿＿＿＿＿＿＿、＿＿＿＿＿＿和
＿＿＿＿＿＿＿5 种类型。

4．描绘图像的工具包括＿＿＿＿＿＿＿、＿＿＿＿＿＿＿、＿＿＿＿＿＿＿、＿＿＿＿＿＿、
＿＿＿＿＿＿＿和＿＿＿＿＿＿＿6 种。

二、选择题

1．按（　　）键可将前景色与背景色恢复为默认颜色状态。

(A) D　　　　　　　(B) N　　　　　　　(C) O　　　　　　　(D) R

2．利用吸管工具获取颜色时，最多可以创建（　　）个取样点。

(A) 2　　　　　　　(B) 3　　　　　　　(C) 4　　　　　　　(D) 5

3. 利用（　）工具可以清除图像中的蒙尘、划痕及褶皱等，同时保留图像的阴影、光照和纹理等效果。

　　（A）污点修复画笔　　（B）修补　　　　（C）修复画笔　　　　（D）背景橡皮擦

4. 利用（　）工具可以柔化图像中突出的色彩和僵硬的边缘，使图像中的色彩过渡平滑，从而达到模糊图像的效果。

　　（A）模糊　　　　　　（B）锐化　　　　（C）减淡　　　　　　（D）海绵

5. 选中"铅笔工具"属性栏中的 `☑ 自动抹除` 复选框后，将铅笔工具设置成（　）工具来使用。

　　（A）画笔　　　　　　（B）橡皮擦　　　（C）涂抹　　　　　　（D）喷枪

三、简答题

在 Photoshop CS3 中，可通过哪几种方法设置前景色和背景色？

四、上机操作题

1. 制作如题图 4.1 所示的效果。

2. 请结合本章学习的一些工具将题图 4.2 所示图像中的树去掉，效果如题图 4.3 所示。

　　　　题图 4.1　　　　　　　　　　题图 4.2 打开图像　　　　　　题图 4.3 最终效果

3. 练习使用渐变工具结合矩形选框工具、多边形套索工具和椭圆选框工具制作如题图 4.4 所示的圆柱形及圆锥形效果。

4. 对如题图 4.5 所示的照片进行处理，制作成如题图 4.6 所示的效果。

　　　　题图 4.4　　　　　　　　　　题图 4.5　　　　　　题图 4.6

第 5 章 图层的应用

章前导航

　　图层是 Photoshop CS3 中非常重要的部分。使用图层功能，可以将一个图像中的各个部分独立出来，然后方便地对其中的任何一部分进行修改，并结合图层样式、图层不透明度以及图层混合模式，可以为图像创造出许多特殊效果，真正发挥 Photoshop 强大的图像处理功能。本章主要介绍图层的功能与使用技巧。

本章要点

➡ 图层的概述

➡ 图层的基本操作

➡ 填充和调整图层

➡ 应用图层特殊样式

➡ 图层的混合模式与透明度

5.1   图层的概述

在 Photoshop CS3 中利用图层可以将图像分别放置于不同的图层中进行处理而互不影响。

5.1.1   图层的概念

在实际创作中，就是将图画的各个部分分别画在不同的透明纸上，每一张透明纸可以视为一个图层，将这些透明纸叠放在一起，从而得到一幅完整的图像。在 Photoshop CS3 中将图像的每一部分放到不同的图层中，这些图层叠放到一起就形成了一幅完整的图像。

图层与图层之间彼此独立，用户可以对每一层或某些图层中的图像内容进行各种操作，而不会对其他图层的内容造成影响。打开一幅包含有多个图层的图像文件后，在图层面板中将显示出该图像的图层信息。如图 5.1.1 所示为打开的图像及图层面板。

图 5.1.1   打开的图像及图层面板

虽然图像中的各图层相对独立，但是一个图像文件中的所有图层都具有相同的分辨率、通道数和色彩模式。

5.1.2   图层面板

对图层的操作都可通过 图层 面板来完成。默认状态下， 图层 面板显示在 Photoshop CS3 工作界面的右侧，如果没有显示，可选择菜单栏中的 窗口(W) → 图层 命令，打开 图层 面板，如图 5.1.2 所示。下面对 图层 面板的各部分的作用逐一进行介绍：

（1）图层名称：每个图层都要定义不同的名称，以便于区分。如果在创建图层时没有命名，Photoshop 则会自动按图层 1、图层 2、图层 3，以此类推来进行命名。

（2）图层缩览图：在图层名称的左侧有一个图层缩览图。其中显示着当前图层中的图像缩览图，可以迅速辨识每一个图层。当对图层中图像进行修改时，图层缩览图的内容也会随着改变。

（3）眼睛图标 ：此图标用于显示或隐藏图层。当图标显示为 时，此图层处于隐藏状态；图标显示为 时，此图层处于显示状态。如果图层被隐藏，对该层进行任何编辑操作都不起作用。

（4）当前工作图层：在 图层 面板中以蓝色显示的图层，表示正在编辑的图层，因此称为当前图层。绝大部分编辑命令都只对当前图层可用。要切换当前图层时，只须单击图层名称或预览图即可。

（5）锁定：在 锁定: 选项区中有 4 个按钮，单击某一个按钮就会锁定相应的内容。

1）单击"锁定透明像素"按钮 ，即可使当前图层的透明区域一直保持透明效果。

2）单击"锁定图像像素"按钮 ，可将当前图层中的图像锁定，不能进行编辑。

3）单击"锁定位置"按钮 ，可锁定当前图层中的图像所在位置，使其不能移动。

4）单击"全部锁定"按钮 ，可同时锁定图像的透明度、像素及位置，不能进行任何修改。

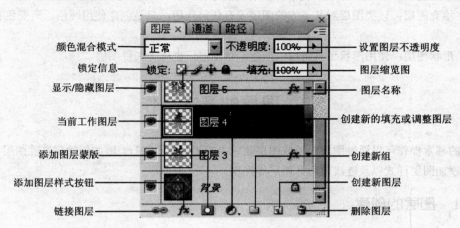

图 5.1.2　图层面板

（6）填充：用于设置当前图层的不透明度。

（7）不透明度：用于设置图层的总体不透明度。

（8）链接图层 ：用于将多个图层链接在一起。

（9）添加图层样式 ：单击此按钮，可从弹出的下拉菜单中选择一种图层样式，以应用于当前图层。

（10）图层蒙版 ：单击此按钮，可在当前图层上创建图层蒙版。

（11）创建新的填充与调整图层 ：单击此按钮，可从弹出的下拉菜单中选择填充图层或调整图层。

（12）创建新组 ：单击此按钮，可以创建一个新图层组。

（13）创建新图层 ：单击此按钮，可以建立一个新图层。

（14）删除图层 ：单击此按钮，可将当前图层删除，或用鼠标将图层拖至此按钮上删除。

（15）图层混合模式：单击 正常 下拉列表框，可从弹出的下拉列表中选择不同的混合模式，以决定当前图层与其他图层叠合在一起的效果。

（16）面板菜单：在右上角单击 按钮，可弹出其面板菜单，从中可以选择相应的命令对图层进行操作。

5.1.3　图层类型

在 Photoshop CS3 中，用户可以根据需要创建不同的图层来用于编辑处理，常用的图层类型有以下 6 种：

（1）背景图层：使用白色背景或彩色背景创建新图像或打开一个图像时，位于图层控制面板最下方的图层称为背景层。一个图像只能有一个背景层，且该图层有其局限性，不能对背景层的排列顺序、混合模式或不透明度进行调整，但是，可以将背景图层转换为普通图层后再对其进行调整。

（2）普通图层：该类图层即一般意义上的图层，它位于背景图层的上方。

（3）文本图层：使用文字工具在图像中单击即可创建文本图层，有些图层调整功能不能用于文本图层，可先将文本图层转换为普通图层，即栅格化文本图层后对其进行普通图层的操作。

（4）调整图层：用户可以通过该类图层存储图像颜色和色调调整后的效果，而并不对其下方图像中的像素产生任何效果。

（5）填充图层：该类图层对其下方的图层没有任何作用，只是创建使用纯色、渐变色和图案填充的图层。

（6）形状图层：使用形状工具组可以创建形状图层，也称为矢量图层。

5.2 图层的基本操作

图层的基本操作可以通过图层面板或图层菜单中的相关命令进行，例如创建与删除图层、添加图层蒙版、添加图层样式以及链接与合并图层等操作。

5.2.1 图层的创建

图层的创建包括创建普通图层、创建背景图层、创建文本图层、创建形状图层以及创建图层组等。

1. 创建普通图层

创建普通图层的方法有多种，可以直接单击图层面板中的"创建新图层"按钮 ⬜ 进行创建，也可通过单击图层面板右上角的 ▾☰ 按钮，从弹出的面板菜单中选择 新建图层... 命令，弹出"新建图层"对话框，如图 5.2.1 所示。

在 名称(N): 文本框中可输入创建新图层的名称，单击 颜色(C): 右侧的 ▾ 按钮，可从弹出的下拉列表中选择图层的颜色，可在 模式(M): 下拉列表中选择图层的混合模式。

单击 确定 按钮，即可在图层面板中显示创建的新图层，如图 5.2.2 所示。

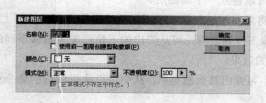

图 5.2.1 "新建图层"对话框

图 5.2.2 新建图层

2. 创建背景图层

如果要创建新的背景图层，可在图层面板中选择需要设定为背景图层的普通图层，然后选择 图层(L) → 新建(W) → 图层背景(B) 命令，即可将普通图层设定为背景图层。如图 5.2.3 所示为将左图中的"图层 0"设定为"背景"图层。

如果要对背景图层进行相应的操作，可在背景图层上双击鼠标，弹出"新建图层"对话框，如图 5.2.4 所示，单击 确定 按钮，则将背景图层转换为普通图层，即可对该图层进行相应的操作。

图 5.2.3 创建背景图层

图 5.2.4 "新建图层"对话框

3．创建图层组

在 Photoshop CS3 中，可将建立的许多图层编成组，如果要对许多图层进行同一操作，只需要对图层组进行操作即可，从而可以提高编辑图像的工作效率。

创建图层组有多种方法，可以直接单击图层面板中的"创建新组"按钮 进行创建，也可单击图层面板右上角的 按钮，在弹出的面板菜单中选择 新建组(G) 命令，弹出"新建组"对话框，如图 5.2.5 所示。

单击 确定 按钮，即可在图层面板中创建图层组"组 1"，然后将需要编成组的图层拖至图层组"组 1"上，该图层将会自动位于图层组的下方，继续拖动需要编成组的图层至"组 1"上，即可将多个图层编成组，如图 5.2.6 所示。

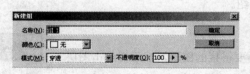 

图 5.2.5 "新建组"对话框　　　　　　　　　　图 5.2.6 创建图层组

5.2.2 图层的删除

在处理图像时，对于不再需要的图层，用户可以将其删除，这样可以减小图像文件的大小，便于操作。删除图层常用的方法有以下几种：

（1）在图层面板中将需要删除的图层拖动到图层面板中的"删除图层"按钮 上即可删除。

（2）在图层面板中选择需要删除的图层，单击图层面板右上角的 按钮，在弹出的面板菜单中选择 删除图层 命令即可。

（3）在图层面板中选择需要删除的图层，选择 图层(L) → 删除(L) → 图层(L) 命令，将会弹出如图 5.2.7 所示的提示框，单击 是(Y) 按钮，即可删除所选图层。

图 5.2.7　提示框

（4）在要删除的图层上单击鼠标右键，在弹出的快捷菜单中选择 删除图层 命令，即可删除图层。

5.2.3　图层的复制

在处理图像时，有时需要将同一个图像进行另外的编辑操作，此时就可以将该图像所在的图层进行复制，再进行编辑，这样可以节省时间，提高工作效率。复制图层的方法有以下两种：

（1）在图层面板中选择需要复制的图层，直接将其拖动到图层面板中的"创建新图层"按钮 上，即可创建一个图层副本，如图 5.2.8 所示。

（2）单击面板上 按钮，从弹出的面板菜单中选择 复制图层... 命令，弹出"复制图层"对话框，如图 5.2.9 所示，在 为(A): 文本框中输入复制图层的名称，然后单击 确定 按钮，即可复制图层。

图 5.2.8　复制图层

图 5.2.9　"复制图层"对话框

5.2.4　图层的链接与合并

如果要将多个图层进行统一的移动、旋转以及变换等操作，可以使用图层链接功能，也可将图层合并后进行统一的操作。下面将分别进行介绍。

1．图层的链接

要链接图层只需要在图层面板中选择需要链接的图层，然后再单击图层面板底部的"链接图层"按钮 ，即可将图层链接起来。链接后的每个图层中都含有 标志，如图 5.2.10 所示。

图 5.2.10　链接图层

　　提示：在链接图层过程中，按住"Shift"键可以选择连续的几个图层，按住"Ctrl"键可分别选择需要进行链接的图层。

2．图层的合并

在 Photoshop CS3 中，合并图层的方式有 3 种，它们都包含在 图层(L) 菜单中，分别介绍如下：

（1）向下合并(E)：此命令可将当前图层与它下面的一个图层进行合并，而其他图层则保持不变。

（2）合并可见图层(V)：此命令可以将图层面板中所有可见的图层进行合并，而被隐藏的图层将不被合并。

（3）拼合图像(F)：此命令可以将图像窗口中所有的图层进行合并，并放弃图像中隐藏的图层。

若有隐藏的图层，在使用该命令时会弹出一个提示框，提示用户是否要扔掉隐藏的图层，用户可以根据需要单击相应的按钮。若单击 确定 按钮，合并后将会丢掉隐藏图层中的内容；若单击 取消 按钮，则取消合并操作。

5.2.5 图层的排列顺序

在操作过程中，上面图层的图像可能会遮盖下面图层的图像，图层的叠加顺序不同，组成图像的视觉效果也就不同，合理地排列图层顺序可以得到不同的图层组合效果。具体的操作方法有以下两种：

（1）选择要排列顺序的图层，然后用鼠标单击并将其拖动至指定的位置上即可，效果如图 5.2.11 所示。

（2）选择要调整顺序的图层，然后选择 图层(L) → 排列(A) 命令，会弹出如图 5.2.12 所示的子菜单，在其中直接选择需要的命令即可。

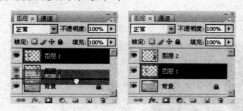

图 5.2.11 调整图层顺序

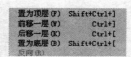

图 5.2.12 排列图层顺序菜单

5.2.6 将选区中的图像转换为新图层

用户不但可以新建图层，还可以将创建的选区转换为新图层。具体的操作方法如下：

（1）打开一幅图像，并在其中创建一个选区，选择 图层(L) → 新建(N) → 通过拷贝的图层(C) 命令，即可将选区中的图像拷贝到一个新图层中，效果如图 5.2.13 所示。

图 5.2.13 通过拷贝的图层命令新建图层

（2）通过剪切选区中的图像也可新建图层，选择 图层(L) → 新建(N) → 通过剪切的图层(T) 命令，即可将选区中的图像剪切到一个新图层中。再利用移动工具 移动其位置，效果如图 5.2.14 所示。

图 5.2.14 通过剪切的图层命令新建图层

5.3 填充和调整图层

填充图层和调整图层是 Photoshop CS3 提供的另外两种处理图层的方法。填充图层允许快速在一个图层上添加颜色、图案和渐变效果，而调整图层则允许在一个图像上调整图像的颜色和色调。

5.3.1 填充图层的创建

填充图层是一种特殊的图层，可以用纯色、渐变或图案填充图层，也可设置填充的方向、角度等，创建填充图层不会影响其下面的图层。

选择菜单栏中的 图层(L) → 新建填充图层(W) 命令，可弹出子菜单，如图 5.3.1 所示。

1. 纯色填充

打开一幅图像为当前图层，如图 5.3.2 所示。

图 5.3.1　新建填充图层子菜单　　　　　　图 5.3.2　打开图像并设置当前工作图层

选择菜单栏中的 图层(L) → 新建填充图层(W) → 纯色(O)... 命令，弹出 新建图层 对话框，如图 5.3.3 所示。设置好相关参数后，单击 确定 按钮，即可弹出 拾取实色: 对话框，如图 5.3.4 所示。

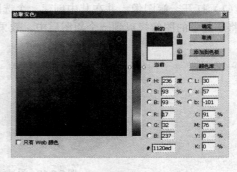

图 5.3.3　"新建图层"对话框　　　　　　　　图 5.3.4　"拾取实色"对话框

在此对话框中可选择一种需要的颜色，单击 确定 按钮，将在确认的图层上显示创建的填充图层，如图 5.3.5 所示。

图 5.3.5　填充后的图像及其图层显示

2. 渐变填充

选择菜单栏中的 图层(L) → 新建填充图层(W) → 渐变(G)... 命令，也可弹出 新建图层 对话框，在此对话框中设置好相关参数后，单击 确定 按钮，将弹出 渐变填充 对话框，如图 5.3.6 所示。

在此对话框中可设置渐变填充的样式、颜色及角度等，设置相关参数后，单击 确定 按钮，即可为图层创建渐变填充效果，如图 5.3.7 所示。

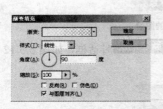

图 5.3.6 "渐变填充"对话框　　　　　　　　　图 5.3.7 渐变填充效果及其图层显示

3. 图案填充

使用图案填充可将图案效果填充到图层中，选择菜单栏中的 图层(L) → 新建填充图层(W) → 图案(R)... 命令，也可弹出 新建图层 对话框，在此对话框中设置相关参数后，单击 确定 按钮，将弹出 图案填充 对话框，如图 5.3.8 所示。

图 5.3.8 "图案填充"对话框

在此对话框左边的缩览图上单击，可在弹出的预设图案中选择一种图案，然后设置参数，单击 确定 按钮，即可为图层添加图案填充，如图 5.3.9 所示。

图 5.3.9 填充图案后的图像及其图层显示

5.3.2 图层调整

图层调整与图层填充都是一种图层处理的方法，调整图层可以在一个图层上进行相关的颜色与色调调整，效果与在图像中使用色彩调整命令相同，使用图层调整还可调整图层的不透明度，改变其不同的混合模式，也可通过图层蒙版的调整从而使图像得到特殊的效果。

选择菜单栏中的 图层(L) → 新建调整图层(J) 命令，可弹出子菜单如图 5.3.10 所示。

打开需要调整色调与色彩的图像，如图 5.3.11 所示。

图 5.3.10 新建调整图层子菜单   图 5.3.11 打开的图像

选择菜单栏中的 图层(L) → 新建调整图层(J) → 色阶(L)... 命令，弹出 新建图层 对话框，如图 5.3.12 所示，在此对话框中可设置新图层的颜色、模式及名称等。

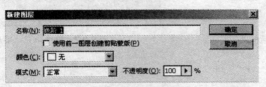

图 5.3.12 "新建图层"对话框

设置参数后，单击 确定 按钮，即可弹出 色阶 对话框，如图 5.3.13 所示。

在 输入色阶(I): 右侧的 3 个输入框中可设置图像的颜色与色调，单击 确定 按钮，调整图层色阶后的效果与 图层 面板如图 5.3.14 所示。

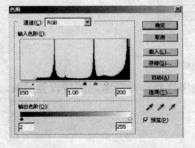

图 5.3.13 "色阶"对话框   图 5.3.14 调整图层后的效果及图层面板

如果对调整后的色阶不满意，可在 图层 面板中显示的图层缩览图上双击鼠标左键，即可弹出 色阶 对话框，重新调整各项参数。

5.4 应用图层特殊样式

为图层添加图层样式可以使图像产生特殊的效果。在 Photoshop CS3 中提供了各种各样的图层样式效果，包括阴影、发光、斜面与浮雕和描边等。其操作方法基本相似，这里只对其中的一部分常用样式进行介绍。

首先介绍添加图层样式效果的几种常用方法：

（1）选择需要添加图层样式效果的图层，单击如图 5.4.1 所示的样式面板，可直接利用其中的各种效果按钮来为选区或图层创建效果。

图 5.4.1　样式面板

（2）选择需要添加图层样式效果的图层，单击图层面板上的"添加图层样式"按钮 **fx.**，弹出如图 5.4.2 所示的下拉菜单，在其中可选择需要的效果命令。

（3）选择 **图层(L)** ➔ **图层样式(Y)** 命令，在其子菜单中选择相应的图层样式效果命令即可。

（4）双击需要添加样式效果的图层，在如图 5.4.3 所示弹出的"图层样式"对话框左侧选中所需的效果复选框，再进行相应的参数设置即可。

图 5.4.2　添加图层样式下拉菜单

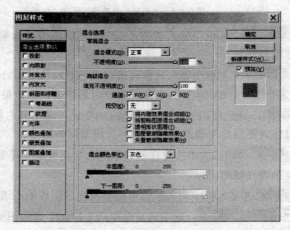

图 5.4.3　"图层样式"对话框

该对话框中参数设置区包括 3 部分，即常规混合、高级混合和混合颜色带。

常规混合：在该选项区中包含有混合模式和不透明度两个选项，可用于设置图层样式的混合模式和不透明度。

高级混合：在该选项区中可以设置高级混合效果的相关参数。

混合颜色带(E)：在该选项区中可以根据图像颜色模式的不同来设置单一通道的混合范围。

5.4.1　投影和内阴影效果

用户可以在"图层样式"对话框中选中 **☑投影** 复选框和 **☑内阴影** 复选框，在对应的参数设置区中分别设置图层的投影效果和内阴影效果，如图 5.4.4 所示。

"投影"和"内阴影"参数设置区中的选项基本相同，各选项含义如下：

（1）**混合模式**：该选项用于确定图层样式的混合方式，用户可根据不同的效果需要设置混合模式选项，其右边的色块 **█** 用于设置投影的颜色或内阴影的颜色。

（2）**不透明度(O)**：该选项用于设置投影效果或内阴影效果的不透明度。

（3）**角度(A)**：该选项用于确定效果应用于图层时所采用的光照角度，可以在图像窗口中拖动鼠

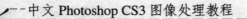

标以调整投影或内阴影效果的角度，选中 使用全局光(G) 复选框即可为该效果打开全部光源，取消选中该复选框，可对投影或内阴影效果指定局部角度。

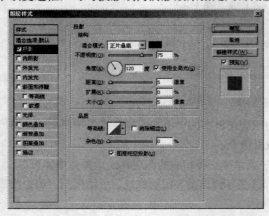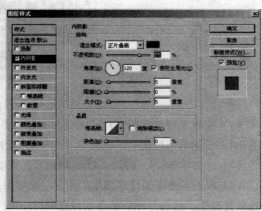

图 5.4.4 "投影"参数设置区和"内阴影"参数设置区

（4）在 距离(D): 文本框中输入数值可确定内阴影或投影效果的偏移距离，也可以拖动其右侧的滑块指定偏移距离。

（5）在 扩展(R): 文本框中输入数值可确定进行处理前对该效果的模糊程度。

（6）在 大小(S): 文本框中输入数值可确定内阴影或投影效果的大小。

（7） 等高线： 该选项用于增加不透明度的变化。单击其右侧的下拉按钮，弹出等高线下拉列表，用户可以针对不同的图像选择相应的等高线来调整图像。

（8） 消除锯齿(L)： 选中该复选框表示混合等高线或光泽等高线的边缘像素，此选项适用于尺寸小且具有复杂等高线的阴影。

（9）在 杂色(N): 文本框中输入数值可确定发光或阴影的不透明度中随机元素的数量。

（10） 图层挖空投影(U)： 选中该复选框用于控制半透明图层中投影的可视性。

对图层中的内容分别使用投影和内阴影，效果如图 5.4.5 和图 5.4.6 所示。

图 5.4.5 投影效果

图 5.4.6 内阴影效果

5.4.2 内发光

在"图层样式"对话框左侧选中 内发光 复选框，此时的内发光参数设置区如图 5.4.7 所示。

在 源: 选项区中选中 居中(E) 单选按钮，将会在图层中图像中心位置添加发光效果，选中 边缘(G) 单选按钮，可在图层中图像的边缘处发光。如图 5.4.8（a）所示为从图像边缘添加的内发光效果，如图 5.4.8（b）所示为从图像中心添加的内发光效果。

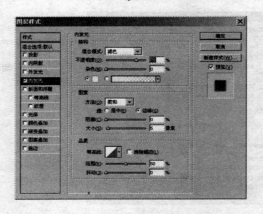

图 5.4.7 "图层样式"对话框中的内发光参数设置区

图 5.4.8 添加的不同内发光效果

5.4.3 外发光

利用外发光选项可为图层中的图像添加光环围绕的效果，在"图层样式"对话框左侧选中 ☑外发光 复选框，外发光参数设置区如图 5.4.9 所示，单击 确定 按钮，效果如图 5.4.10 所示。

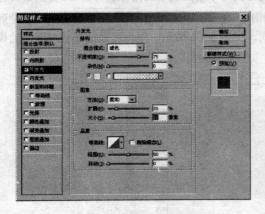

图 5.4.9 "图层样式"对话框中的外发光参数设置区　　　　图 5.4.10 添加外发光效果

5.4.4 斜面和浮雕效果

利用斜面和浮雕选项可以为图层中的图像添加立体效果与高光及暗调效果。在"图层样式"对话框左侧选中 ☑斜面和浮雕 复选框，此时的斜面和浮雕选项参数设置区如图 5.4.11 所示。

单击 样式(T): 右侧的 ▼ 按钮，弹出其下拉列表，如图 5.4.12 所示，可从中选择一种斜面与浮雕的样式。

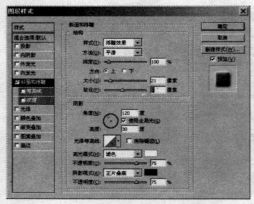

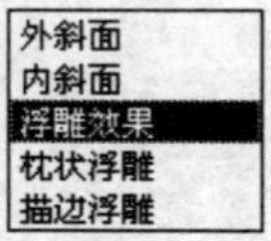

图 5.4.11 "图层样式"对话框中的斜面和浮雕参数设置区　　　　图 5.4.12 样式下拉列表

在 深度(D): 文本框中输入数值，可设置浮雕效果的深度，输入的数值越大，浮雕效果越强。

设置参数后，单击 确定 按钮，浮雕效果如图 5.4.13 所示。

图 5.4.13 添加斜面与浮雕效果

5.5 图层的混合模式与透明度

混合图层就是指将当前图层中的图像以相应的方式与下面图层中的图像进行混合，得到某种特殊的效果，选择不同的混合模式，创建的效果也不相同。在图层面板中的 正常 选项的下拉列表中包含了 Photoshop CS3 中的所有图层的混合模式，如图 5.5.1 所示，用户可根据需要对图层的模式进行设置。

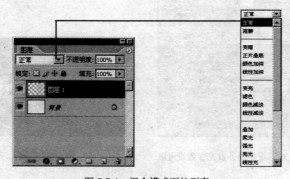

图 5.5.1 混合模式下拉列表

图层的混合模式除了不能在背景图层中应用，其他图层均可使用各种混合模式进行处理，部分混合模式在结合图层的不透明度调整后效果会更佳。

首先介绍设置图层混合模式的具体步骤：

（1）打开一幅含有两个以上图层的图像。

（2）在图层面板中选择需要设置图层混合模式的图层。

（3）在图层面板中的图层混合模式列表框中选择合适的混合模式即可。

图层混合模式共有 22 种，大致可分为 6 类：一般模式、变暗模式、变亮模式、叠加模式、差值与排除模式和颜色模式。下面简单介绍一下部分图层混合模式。

正常模式是在系统默认的情况下图层的混合模式。

溶解模式可将图像中的像素随机分配显示，并且在溶解的同时显示图层背景，形成融合交互的效果，如图 5.5.2 所示是不透明度为 50%的溶解模式效果。

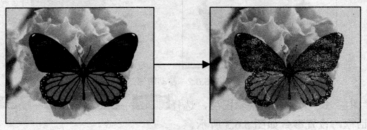

图 5.5.2　溶解效果前后对比

利用混合模式中的变暗、正片叠底、颜色加深或线性加深可以使图像变暗，使用颜色加深模式效果如图 5.5.3 所示。

利用混合模式中的变亮、滤色、颜色减淡或线性减淡模式都可用图像中较淡的颜色覆盖图像中较深的颜色，使图像变亮；与变暗模式相反，使用颜色减淡模式可将图像中的对比度减弱，从而使图像变亮，效果如图 5.5.4 所示。

利用线性减淡模式可为图像增加亮度，从而使图像中的颜色变亮，使用滤色模式可将两个图层中的图像颜色叠加并使其变亮。

色相模式，可改变图像中的暗调，其亮度与饱和度不会被改变，如图 5.5.5 所示。

图 5.5.3　使用加深模式后的效果　　　图 5.5.4　使用减淡模式后的效果　　　图 5.5.5　使用色相模式后的效果

5.6　典型实例——制作彩色插页

本节综合运用前面所学的知识制作彩色插页，最终效果如图 5.6.1 所示。

图 5.6.1　彩色插页效果

操作步骤

（1）新建一幅图像，再打开一幅"书本"图像，使用移动工具将其移至新建的图像中，可自动生成"图层1"，如图5.6.2所示。

图 5.6.2　移动图像

（2）确认"图层 1"为当前可编辑图层，选择 图层(L) → 图层样式(Y) → 投影(D)... 命令，弹出"图层样式"对话框，设置参数如图5.6.3所示。

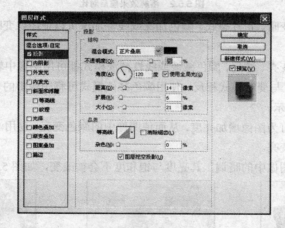

图 5.6.3　"图层样式"对话框

（3）单击 确定 按钮，可为图层 1 中的图像添加投影效果，如图 5.6.4 所示。

（4）单击工具箱中的"钢笔工具"按钮 ，沿书本边缘创建路径，并将路径转换为选区，如图 5.6.5 所示。

图 5.6.4　添加投影后的效果　　　　　图 5.6.5　将路径转换为选区

（5）打开一幅"花"图像，按"Ctrl+A"键全选，按"Ctrl+C"键复制，然后选择当前正在编辑的图像，按"Ctrl+Shift+V"键将复制的图像粘贴至选区中，可自动生成一个剪贴图层，如图5.6.6所示。

图 5.6.6　粘贴的图像与生成的剪贴图层

（6）确认剪贴图层为当前图层，在图层面板中的 正常 下拉列表中选择 变暗 选项，此时图像的最终效果如图 5.6.1 所示。

本 章 小 结

通过本章的学习，用户应掌握创建和使用图层，并了解在图像处理过程中，图层的重要性和使用的普遍性，从而更加有效地编辑和处理图像。另外，通过对图层特殊样式和图层混合模式的学习，用户可以创建出绚丽多彩的图像效果。

过 关 练 习

一、填空题

1. 当图层上出现 图标时，表示该图层中添加有＿＿＿＿＿＿。

2. 在图层面板中，图层列表前面图标显示为 时，表示该图层处于＿＿＿＿＿＿状态。

3. 若用户想要对背景图层进行编辑，可将其转换为＿＿＿＿＿＿图层，再进行编辑操作。

4. 图层之间是有一定的顺序的，也就是说，位于上层的图层会＿＿＿＿＿＿下层的图层的某个部分。

5. 新创建的 Photoshop 图像文件中只包含一个图层，该图层是＿＿＿＿＿＿图层。

6. 设置图层链接时，如果要选择多个不连续的图层同时实现链接，应按＿＿＿＿＿＿键。

二、选择题

1. 在 Photoshop CS3 中，按（　　）键可以快速打开图层面板。

　　（A）F4　　　　　　　　　　　　（B）F5

　　（C）F6　　　　　　　　　　　　（D）F7

2. 通过选择 图层(L) → 新建(N) 命令，可新建（　　）。

　　（A）普通图层　　　　　　　　　（B）文字图层

　　（C）背景图层　　　　　　　　　（D）图层组

3. 图层调整和填充是处理图层的一种方法，下面选项中属于图层填充范围的是（　　）。

　　（A）光泽　　　　　　　　　　　（B）纯色

　　（C）内发光　　　　　　　　　　（D）投影

4. 图层调整和填充是处理图层的一种方法，下面选项中属于图层调整范围的是（　　）。

　　（A）曲线　　　　　　　　　　　　（B）纯色

　　（C）颜色叠加　　　　　　　　　　（D）色调分离

5. 单击"图层"调板中"添加图层样式"按钮，从打开的菜单中选择图层需要设置的图层效果。下面选项（　　）不属于图层效果。

　　（A）纹理　　　　　　　　　　　　（B）等高线

　　（C）色调分离　　　　　　　　　　（D）颜色叠加

三、简答题

试述 Photoshop 图层的分类及其各自的特点。

四、上机操作题

1. 利用本章所学的知识制作金属字，在制作过程中主要用到文字工具、渐变工具以及斜面和浮雕等命令，最终效果如题图 5.1 所示。

2. 利用椭圆选框工具和图层样式命令制作如题图 5.2 所示的玻璃球效果。

题图　5.1

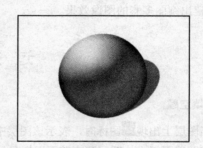

题图　5.2

第6章 路径与形状的应用

章前导航

路径是 Photoshop CS3 中的重要内容，它提供了一种按矢量的方法来处理图像的途径，从而使许多图像处理操作变得简单而准确。本章将介绍有关路径的各种操作，通过学习，读者应熟练掌握相关内容。

本章要点

➡ 路径的简介

➡ 绘制路径

➡ 绘制几何形状

➡ 路径面板

➡ 编辑路径

6.1　路径的简介

路径是 Photoshop CS3 的重要工具之一，利用路径工具可以绘制各种复杂的图形，并能够生成各种复杂的选区。灵活巧妙地使用路径工具往往可以使设计得到事半功倍的效果。

6.1.1　路径的概念

在 Photoshop CS3 中，路径是指在图像中使用钢笔工具或形状工具创建的贝赛尔曲线轮廓。路径多用于自行创建的矢量图像或对图形的某个区域进行精确抠图，它不能打印输出，只能存放于路径面板中。

6.1.2　路径的作用

在 Photoshop 中引入路径的作用概括起来有以下几点：

（1）使用路径功能，可以将一些不够精确的选区转换为路径后再进行编辑和微调，完成一个精确的路径后再转换为选区使用。

（2）更方便地绘制复杂的图像，如人物的卡通造型等。

（3）利用填充路径与描边路径命令可以创建出许多特殊的效果。

（4）路径可以单独作为矢量图输入到其他的矢量图程序中。

6.1.3　路径的构成

路径是由多节点的矢量线条构成的，与铅笔、画笔等绘制的图形不同，路径图形为矢量图，不包含像素，因此可随意对其进行放大、缩小，还可以沿着路径进行颜色填充和描边，也可将其转换为选区，从而对图像的选区进行处理。如图 6.1.1 所示为路径构成示意图。

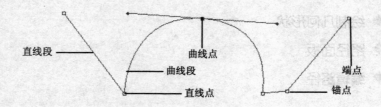

图 6.1.1　路径构成示意图

锚点：是由钢笔工具创建的，是一个路径中两条线段的交点。

直线段：是指两个锚点之间的直线线段。使用钢笔工具在图像中两个不同的位置单击，即可创建一条直线段。

直线点：是一条直线段与一条曲线段之间的连接点。

曲线段：是指两个锚点之间的曲线线段。

曲线点：是含有两个独立调节手柄的锚点，移动调节手柄的位置可以随意改变曲线段的弧度。

端点：路径的起始点和终点都是路径的端点。

6.1.4　路径与形状的区别

　　路径与形状在创建的过程中都是通过钢笔工具或形状工具来创建的，二者的区别在于路径表现的是绘制图形以轮廓进行显示，不可以进行打印；而形状表现的是绘制的矢量图像以蒙版的形式出现在图层面板中。绘制形状时系统会自动创建一个形状图层，形状可以参与打印输出和添加图层样式。

　　如图 6.1.2 所示和图 6.1.3 所示为创建的路径和形状。

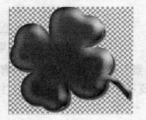

图 6.1.2　创建的路径　　　　　　　　图 6.1.3　创建的形状

6.2　绘　制　路　径

　　在绘制的路径中包括直线路径、曲线路径和封闭路径 3 种，本节主要讲解不同路径的绘制方法和使用的工具。

6.2.1　钢笔工具

　　使用钢笔工具 ♦ 可以在图像中创建任意形状的路径，该工具属性栏如图 6.2.1 所示。

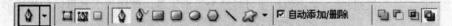

图 6.2.1　钢笔工具属性栏

钢笔工具属性栏中各选项含义如下：

　　（1）"形状图层"按钮 ▣：单击此按钮表示在使用钢笔工具绘制图形后，不但可以绘制路径，还可以创建一个新的形状图层。形状图层可以理解为带形状剪贴路径的填充图层，图层中间的填充色默认为前景色，如图 6.2.2 所示。

图 6.2.2　使用钢笔工具绘制形状剪贴路径及路径面板

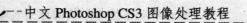

（2）"路径"按钮 ：单击此按钮表示使用钢笔工具绘制某个路径后只产生形状所在的路径，而不产生形状图层，如图 6.2.3 所示。

图 6.2.3 使用钢笔工具绘制路径及其路径面板

（3）"填充像素"按钮 ：该按钮只有在当前工具是某个形状工具时才能被激活。使用某一种形状工具绘图时，既不产生形状图层也不产生路径，但会在当前图层中绘制一个有前景色填充的形状，如图 6.2.4 所示。

图 6.2.4 使用钢笔工具绘制图形及图层面板

（4）"钢笔工具"按钮 ：单击该按钮可转换为钢笔工具进行路径的绘制。

（5）"自由钢笔工具"按钮 ：单击该按钮可转换为自由钢笔工具，该工具模拟手绘方式绘制路径。

（6）"矩形工具"按钮 ：单击该按钮可转换为矩形工具，使用该工具可以创建矩形及矩形形状的路径。

（7）"圆角矩形工具"按钮 ：单击该按钮可转换为圆角矩形工具，使用该工具可以创建圆角矩形及该形状的路径。

（8）"椭圆工具"按钮 ：单击该按钮可转换为椭圆工具，使用该工具可以创建椭圆形及该形状的路径。

（9）"多边形工具"按钮 ：单击该按钮可转换为多边形工具，使用该工具可以创建多边形及该形状的路径。

（10）"直线工具"按钮 ：单击该按钮可转换为直线工具，使用该工具可以创建直线及直线形的路径。

（11）"自定义形状工具"按钮 ：单击该按钮可转换为自定义形状工具，使用该工具可以创建各种形状或该形状的路径。

（12） 自动添加/删除 ：选中该复选框，将鼠标移至路径上即可自动添加锚点或删除锚点。

（13）"添加到路径区域"按钮 ：单击此按钮可进行增加路径操作，即在原有路径的基础上绘制新的路径，如图 6.2.5 所示。

（14）"从路径区域减去"按钮 ：单击此按钮可进行减去路径操作，即在原有路径的基础上绘制新的路径，最终的路径是原有路径减去原有路径与新绘制路径的相交部分，如图 6.2.6 所示。

图 6.2.5 添加路径 　　　　　　图 6.2.6 减去路径

（15）"交叉路径区域"按钮 ：单击此按钮可进行相交路径操作，即在原有路径的基础上绘制新的路径，最终的路径是原有路径与新绘制路径交叉的部分，如图 6.2.7 所示。

（16）"重叠路径区域除外"按钮 ：单击此按钮可对路径进行镂空操作，即在原有路径的基础上绘制新的路径，最终的路径是原有路径与新绘制路径的组合，但必须减去两者的重叠部分，如图 6.2.8 所示。

图 6.2.7 交叉路径 　　　　　　图 6.2.8 减去重叠部分路径

使用钢笔工具创建路径的具体方法如下：

（1）在工具栏中选择钢笔工具 ，移动鼠标指针到图像窗口，单击鼠标左键，以此确定线段的起始锚点。

技巧：如果要使绘制的直线路径呈垂直方向、水平方向或 45°方向，可以在绘制直线的同时按住 "Shift" 键。

（2）移动鼠标到下一锚点单击就可以得到第二个锚点，这两个锚点之间会以直线连接，如图 6.2.9 所示。

（3）继续单击其他要设置节点的位置，在当前节点和前一个节点之间以直线连接。如果要绘制曲线路径，将指针拖移到另一位置，然后按左键拖动鼠标，即可绘制平滑曲线路径，如图 6.2.10 所示。

（4）将钢笔指针放在起始锚点处，使指针变为 形状，然后单击鼠标左键，即可绘制封闭路径，如图 6.2.11 所示。

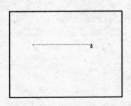
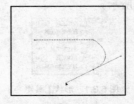
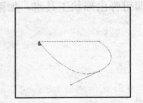

图 6.2.9 绘制的直线路径 　　　图 6.2.10 绘制的曲线路径 　　　图 6.2.11 绘制的封闭路径

6.2.2 自由钢笔工具

使用自由钢笔工具就像用钢笔在纸上绘画一样绘制路径，一般用于较简单路径的绘制。用此工具

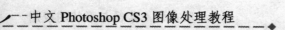

创建路径时，无须指定其具体位置，它会自动确定锚点。单击工具箱中的"自由钢笔工具"按钮，其属性栏如图 6.2.12 所示。

图 6.2.12 "自由钢笔工具"属性栏

其属性栏中只有 ☑磁性的 选项与钢笔工具属性栏的选项不同，选中此复选框，自由钢笔工具将变为磁性钢笔工具，描绘路径时将在鼠标经过的地方自动附着磁性节点，并且自动按照一定的频率生成路径。

使用自由钢笔工具绘制路径很简单，其绘制路径的方法与使用套索工具创建选区的方法相似，在图像窗口中适当位置处单击鼠标左键并拖动就可以创建所需要的路径，释放鼠标完成路径的绘制。如果要绘制封闭的路径，将鼠标指针放在起始锚点处，使指针变为形状，然后单击鼠标左键，即可绘制封闭的路径，如图 6.2.13 所示。

图 6.2.13 使用自由钢笔工具绘制路径

技巧：使用自由钢笔工具建立路径后，按住"Ctrl"键，可将钢笔工具切换为直接选择工具。按住"Alt"键，移动鼠标到锚点上，鼠标光标将变为转换点工具。若移动到开放路径的两端，鼠标光标将变为自由钢笔工具状态，按住鼠标即可继续描绘路径。

6.3 绘制几何形状

在 Photoshop CS3 中，可以通过相应的工具直接在页面中绘制矩形、椭圆形、多边形等几何图形，且绘制出的图形都是矢量图形，也可以使用其他矢量工具对绘制出的图形进行编辑。

绘制几何图形的工具被集中在形状工具组中，在工具箱中用鼠标右键单击"自定形状工具"按钮，即可弹出形状工具组，如图 6.3.1 所示。

图 6.3.1 形状工具组

6.3.1 矩形工具

使用矩形工具可以绘制矩形和正方形，通过设置的属性可以创建形状图层、路径和以像素进行填充的矩形图形。

单击工具箱中的"矩形工具"按钮，其属性栏如图 6.3.2 所示。

图 6.3.2　矩形工具属性栏

矩形工具属性栏与钢笔工具属性栏基本相同，其中各选项含义如下：

（1）"自定义形状"按钮 ：单击该按钮右侧的下拉按钮 ，打开矩形选项面板，如图 6.3.3 所示。

1）选中 不受约束 单选按钮，可以随意绘制矩形路径或图形。

2）选中 方形 单选按钮，可以在图像中绘制正方形的路径或图形。

3）选中 固定大小 单选按钮，可在 W: 与 H: 文本框中输入所需的宽度与高度，然后在图像中拖动鼠标只能绘制所设置数值大小的路径或矩形图形。

4）选中 比例 单选按钮，可在 W: 与 H: 文本框中输入所需的宽度与高度比例数值，然后在图像中拖动鼠标只能绘制设置的长宽比例的路径或矩形图形。

5）选中 从中心 复选框，可在图像中任何区域绘制从中心向四周扩展的图形或路径。

6）选中 对齐像素 复选框，绘制矩形时，所绘制的矩形会自动同像素边缘重合，使图形的边缘不会出现锯齿。

（2）"锁定"按钮 ：单击该按钮，即可锁定或清除锁定目标图层的属性。

（3） 样式： ：单击该选项右侧的下拉按钮 ，弹出样式下拉列表，如图 6.3.4 所示，用户可以在该列表中选择系统自带的样式绘制图形。

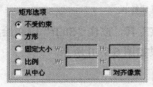

图 6.3.3　矩形选项面板

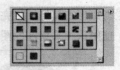

图 6.3.4　样式下拉列表

（4） 颜色： ：单击其右侧的色块，弹出"拾色器"对话框，用户可以在拾色器中选择颜色设置形状的填充色。

矩形工具的使用方法非常简单，具体方法如下：

（1）单击工具箱中的"矩形工具"按钮 ，将光标移到图像窗口中，按住鼠标左键并拖动，随着光标移动将出现一个矩形框，如图 6.3.5 所示。

（2）当对矩形的大小满意后，松开鼠标，此时，矩形框中将自动填充前景色，并在 路径× 面板中自动建立一个工作路径，同时在 图层× 面板中建立一个形状图层，如图 6.3.6 所示。

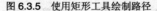

图 6.3.5　使用矩形工具绘制路径

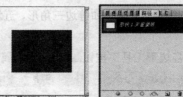

图 6.3.6　绘制的矩形路径效果

6.3.2　圆角矩形工具

使用圆角矩形工具 可以绘制圆角矩形，其工具属性栏如图 6.3.7 所示。

图 6.3.7　圆角矩形工具属性栏

该工具属性栏与矩形工具属性栏基本相同，在 **半径:** 文本框中输入数值可设置圆角的大小，当该数值为 0 时，其功能与矩形工具相同。

使用圆角矩形工具设置不同的半径值绘制的图形及路径，效果如图 6.3.8 所示。

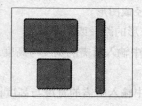 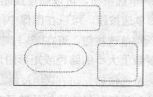

绘制的图形　　　　　　　　　　　　　　　绘制的路径

图 6.3.8　使用圆角矩形工具绘制的图形及路径

6.3.3　椭圆工具

使用椭圆工具 可以绘制椭圆形和正圆形，其工具属性栏如图 6.3.9 所示。

图 6.3.9　椭圆工具属性栏

该工具属性栏与矩形工具属性栏完全相同，选择该工具，按住"Shift"键在绘图区拖动鼠标即可创建一个正圆形，使用该工具绘制的图形及路径，效果如图 6.3.10 所示。

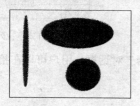 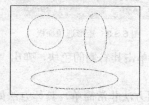

绘制的图形　　　　　　　　　　　　　　　绘制的路径

图 6.3.10　使用椭圆工具绘制的图形及路径

6.3.4　多边形工具

使用多边形工具可以绘制等边多边形，如等边三角形、五边形以及星形等。绘制的具体操作方法如下：

（1）在工具箱中单击"多边形工具"按钮 。其工具属性栏如图 6.3.11 所示。

图 6.3.11　多边形工具属性栏

（2）在属性栏中设置多边形工具的选项，如图层模式、图层样式、不透明度以及边数。其中，边数在默认状态下为 5，在图像中拖动光标即可绘制等边五边形，如图 6.3.12 所示。

（3）在绘制多边形时，始终会以单击处为中心点，并且随着鼠标拖动改变多边形的摆放位置，即在拖动鼠标时，移动指针可以旋转还未绘制完成的多边形。

还可以通过设置多边形工具的选项，绘制出更多的多边形效果。单击多边形工具属性栏中的"几何选项"按钮，可打开多边形选项面板，如图 6.3.13 所示。

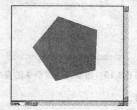

图 6.3.12　使用多边形工具绘制路径　　　图 6.3.13　多边形选项面板

在 **半径**: 输入框中输入数值，可指定多边形的半径。

选中 **平滑拐角** 复选框，可以平滑多边形的拐角，使绘制出的多边形的角更加平滑。

选中 **星形** 复选框，可设置并绘制星形，如图 6.3.14 所示。

在 **缩进边依据**: 输入框中输入数值，可设置星形缩进边所用的百分比。

选中 **平滑缩进** 复选框，可以平滑多边形的凹角，如图 6.3.15 所示。

图 6.3.14　绘制星形　　　　　　　　　　图 6.3.15　凹角多边形

6.3.5　直线工具

使用直线工具可以绘制出直线、箭头和路径，其绘制方法与矩形工具基本相同。只要使用此工具在图像中拖动，就可以绘制出直线图形，如图 6.3.16 所示。

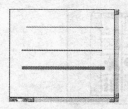

图 6.3.16　绘制直线

单击工具箱中的"直线工具"按钮，属性栏显示如图 6.3.17 所示。

图 6.3.17　直线工具属性栏

在 **粗细**: 输入框中输入数值，可设置线条的宽度，取值范围为 1～1 000，值越大，绘制的线条越粗。

使用直线工具还可以绘制出各式各样的箭头。在属性栏中单击"几何选项"按钮，可打开直线工具选项面板，如图 6.3.18 所示。

选中 **起点** 复选框，可在绘制直线形状或路径的起点处绘制箭头。

选中 **终点** 复选框，可在绘制直线的终点处绘制箭头。

如果同时选中 **起点** 与 **终点** 复选框，即可在起点与终点处同时绘制箭头，如图 6.3.19 所示。

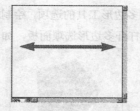

图 6.3.18　直线工具选项面板　　　　图 6.3.19　绘制两端带箭头的直线

在 **宽度(W):** 输入框中输入数值，可设置箭头的宽度。

在 **长度(L):** 输入框中输入数值，可设置箭头的长度。

在 **凹度(C):** 输入框中输入数值，可设置箭头的凹度，如图 6.3.20 所示。

　　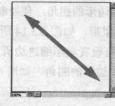　　

凹度为 50　　　　　　　　凹度为 0　　　　　　　凹度为 -50

图 6.3.20　设置凹度绘制箭头效果

6.3.6　自定义形状工具

使用自定形状工具可以绘制出各种预设的形状，如箭头、心形以及手形等。具体的操作方法如下：

（1）设置好前景色。

（2）单击工具箱中的"自定形状工具"按钮，在属性栏中单击 **形状:** 下拉列表框，可打开如图 6.3.21 所示的形状面板，在其中选择一种预设的形状。

（3）在图像中拖动光标，即可绘制出所选的预设形状，如图 6.3.22 所示。

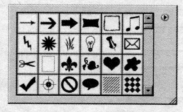　　　　

图 6.3.21　形状面板　　　　　　　图 6.3.22　绘制自定形状

用户可以单击该列表右侧的 按钮，从弹出的下拉菜单中选择相应的命令进行载入形状和存储自定义形状等操作。

使用形状工具不仅可以绘制各种各样的形状，还可将绘制的形状转换为路径。这样对于绘制一些特定的路径就非常方便了。

将绘制的形状转换为路径的方法很简单，下面以自定形状工具为例进行讲解。

（1）单击钢笔工具属性栏中的"自定形状工具"按钮，或单击工具箱中的"自定形状工具"按钮，其属性栏如图 6.3.23 所示。

图 6.3.23　"自定形状工具"属性栏

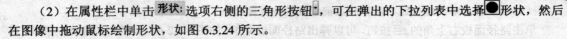

（2）在属性栏中单击 形状: 选项右侧的三角形按钮，可在弹出的下拉列表中选择●形状，然后在图像中拖动鼠标绘制形状，如图 6.3.24 所示。

（3）单击工具箱中的"直接选择路径工具"按钮，在图像中绘制的形状上的任意位置单击，此时绘制的形状如图 6.3.25 所示。

（4）下面用鼠标在路径中的锚点上单击并拖动，即可修改路径锚点，修改后的路径效果如图 6.3.26 所示。

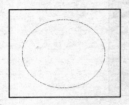
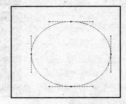
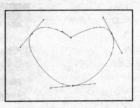

图 6.3.24　绘制的形状　　　图 6.3.25　使用直接选择路径工具　　　图 6.3.26　修改后的形状路径

6.4　路径面板

在 Photoshop CS3 中，路径面板可以对创建的路径进行更加细致的管理和编辑。在路径面板中主要包括路径、工作路径和形状矢量蒙版，在面板中可以将路径转换成选区、将选区转换成工作路径、填充路径和对路径进行描边等操作，在默认状态下，路径面板处于显示状态，若在窗口中没有显示路径面板，可以选择 窗口(W) → 路径 命令，打开路径面板，如图 6.4.1 所示。通常情况下，路径面板与图层面板和通道面板放置在同一面板组中。

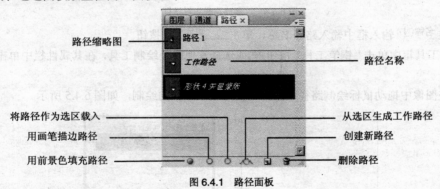

图 6.4.1　路径面板

面板中各选项的含义如下：

（1）路径：用于存放当前文件中创建的路径，在储存文件时路径会被储存到该文件中。

（2）工作路径：一种用来定义轮廓的临时路径。

（3）形状矢量蒙版：显示当前文件中创建的矢量蒙版路径。

（4） ：单击此按钮，可以用当前的前景色来填充所绘制的路径。

（5） ：单击此按钮，可以使用工具箱中的画笔工具来为所绘制的路径描边。

（6） ：单击此按钮，可以将绘制的路径转换为选区。

（7） ：单击此按钮，可以将绘制的选区转换为工作路径。

（8） ：单击此按钮，可以在路径面板中创建一个新路径。

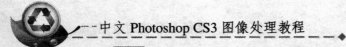

（9）![按钮]：单击此按钮，可以将当前选择的路径删除。

单击路径面板右上角的![按钮]按钮，可以弹出路径面板菜单，如图 6.4.2 所示，其中的命令功能和"路径"面板上的一些选项功能基本相同。此外，用户还可在路径面板下拉菜单中调整每个路径缩略图的大小，选择路径面板下拉菜单中的![调板选项...]命令，打开"路径调板选项"对话框，如图 6.4.3 所示，在其中可选择路径列表缩略图标。

图 6.4.2 路径面板菜单　　　　　图 6.4.3 "路径调板选项"对话框

6.4.1　新建路径

在 Photoshop CS3 中，要新建路径，可通过如下的操作方法来完成：

（1）在![路径×]面板中单击右上角的![按钮]按钮，从弹出的面板菜单中选择![新建路径...]命令，弹出![新建路径]对话框，如图 6.4.4 所示。

图 6.4.4 "新建路径"对话框

（2）在![名称(N):]输入框中输入路径名称，单击![确定]按钮。

（3）在工具箱中单击"钢笔工具"按钮![按钮]或选择其他路径绘制工具，在其属性栏中单击"路径"按钮![按钮]。

（4）在图像中拖动鼠标绘制路径，按回车键可结束路径的绘制，如图 6.4.5 所示。

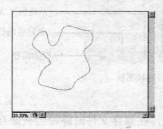

图 6.4.5 创建新路径

此外，在![路径×]面板底部单击"创建新路径"按钮![按钮]，也可创建新路径。

6.4.2　存储路径

创建工作路径后，如果不及时存储，在绘制第二个路径后就会将前一个路径删除，所以应及时对路径进行保存。保存路径有以下几种方法：

（1）绘制路径时，系统会自动出现一个"工作路径"作为临时存放点，在"工作路径"上双击，

即可弹出 **存储路径** 对话框，设置名称后单击 确定 按钮，即可完成保存操作，如图 6.4.6 所示。

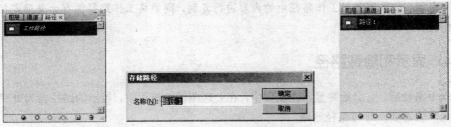

图 6.4.6 存储路径

（2）创建工作路径后，单击路径面板右上角的 ≡ 按钮，在弹出的路径面板菜单中选择 **存储路径...** 命令，也会弹出 **存储路径** 对话框，设置名称后，单击 确定 按钮即可保存。

（3）拖动"工作路径"到"创建新路径"按钮 ，也可存储工作路径。

6.4.3 移动与复制路径

可以将路径看做是一个图层中的图像，因此可以对它进行移动、复制、删除等操作。

1．移动路径

单击"路径选择工具"按钮 选择路径后，将鼠标指针置于所选路径的内部，然后拖动鼠标，即可调整路径的位置，。

2．复制路径

复制路径主要有以下 3 种方法：

（1）直接复制路径。选中路径后，选择菜单栏中的 **编辑(E)** → **拷贝(C)** 命令，或按"Ctrl+C"键即可。

（2）在移动时复制路径。在路径面板中选择路径名，并使用路径选择工具选择路径，然后按住"Alt"键并拖移所选路径即可，如图 6.4.7 所示。

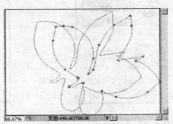

图 6.4.7 移动时复制路径

（3）通过 **路径×** 面板进行复制。先选中要复制的路径，在 **路径×** 面板菜单中选择 **复制路径...** 命令，弹出 **复制路径** 对话框，如图 6.4.8 所示。在 **名称(N):** 输入框中输入一个名称，单击 确定 按钮即可。

图 6.4.8 "复制路径"对话框

提示：如果需要对工作路径中的内容进行复制，则须将工作路径保存为普通路径，然后才能进行复制。

6.4.4 显示和隐藏路径

绘制一个路径后，它会始终显示在图像中，在处理图像的过程中，显示的路径会为处理图像带来不便。因此，就需要及时将路径隐藏。

要隐藏路径，只需要将鼠标移至 路径× 面板中的路径列表与路径缩略图以外的地方单击，或按住"Shift"键单击路径名称即可；如果需重新显示路径，可直接在 路径× 面板中单击路径名称。

6.4.5 删除路径

在 Photoshop CS3 中，删除路径常用的方法有以下两种：

（1）选择需要删除的路径，将其拖动到路径面板中的"删除路径"按钮 🗑 上即可删除路径。

（2）选择需要删除的路径，单击路径面板右上角的 ▼≣ 按钮，在弹出的路径面板菜单中选择 删除路径 命令，即可删除路径。

6.4.6 将路径转换为选区

路径转换为选区，其具体的操作步骤如下：

（1）在 路径× 面板中选择需要转换为选区的路径。

（2）在 路径× 面板底部单击"将路径作为选区载入"按钮 ○ ，可直接将路径转换为选区。也可在 路径× 面板菜单中选择 建立选区... 命令，弹出 建立选区 对话框，如图 6.4.9 所示。

（3）单击 确定 按钮，可将路径转换为选区，如图 6.4.10 所示。

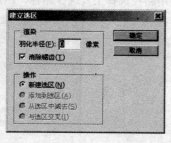

图 6.4.9 "建立选区"对话框

图 6.4.10 转换路径为选区

如果是一条开放的路径，则在转换为选区后，其起点和终点会自动连接形成一个封闭的选区。在 建立选区 对话框中的 操作 选项区中可设置转换后的选区与原有选区的逻辑关系。

6.4.7 将选区转换为路径

如果在图像中创建选区后，觉得不满意，可以将选区转换为路径，对其进行调整和编辑，然后再将其转换为选区。将选区转换为路径的具体操作如下：

（1）新建一幅图像，并在其中创建选区，如图 6.4.11 所示。

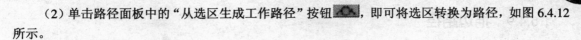

（2）单击路径面板中的“从选区生成工作路径”按钮，即可将选区转换为路径，如图 6.4.12 所示。

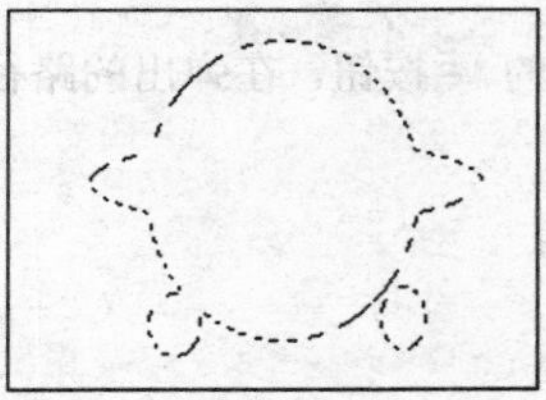

图 6.4.11 创建选区

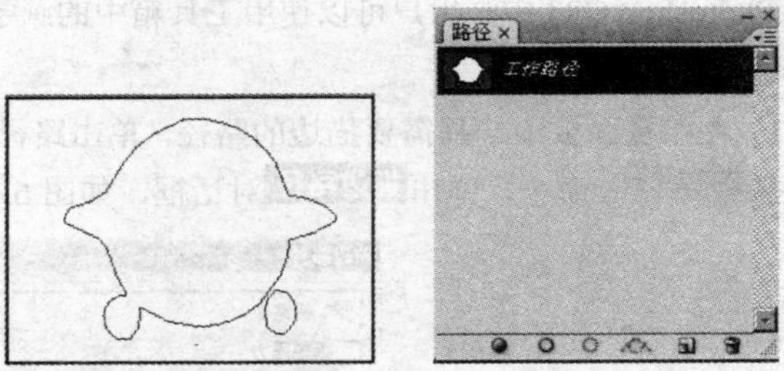

图 6.4.12 将创建的选区转换为路径

6.4.8 填充路径

填充路径和填充图像选区相似，用户可以用单一的颜色或图案填充路径区域。如果要使用颜色填充，在填充之前，首先要设置好前景色或背景色；如果要使用图案填充，则先将所需要的图像定义成图案，或直接选择预设的图案样式。具体的操作步骤如下：

（1）单击路径面板右上角的按钮，在弹出的路径面板菜单中选择 填充路径... 命令，可弹出“填充路径”对话框，如图 6.4.13 所示。

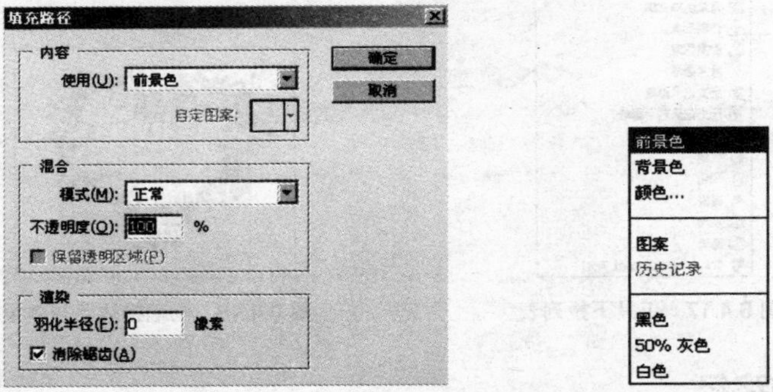

图 6.4.13 “填充路径”对话框

（2）在 内容 选项区中的 使用(U): 下拉列表中选择所需的填充方式，在 混合 选项区中设置填充的混合模式和不透明度。

（3）设置参数后，单击 确定 按钮即可填充路径。如图 6.4.14 和图 6.4.15 所示分别为使用指定的颜色和图案填充路径的效果。

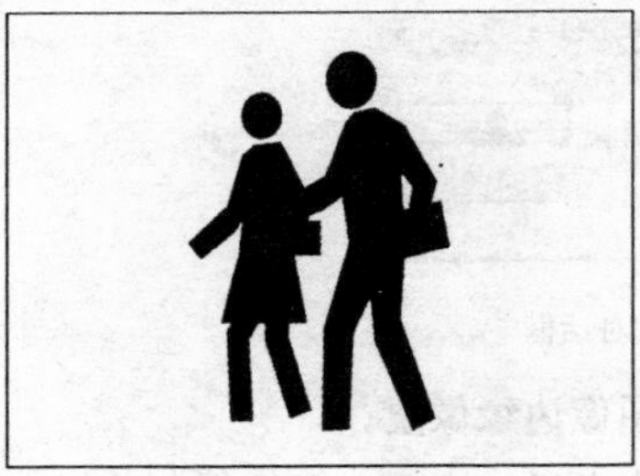

图 6.4.14 颜色填充路径

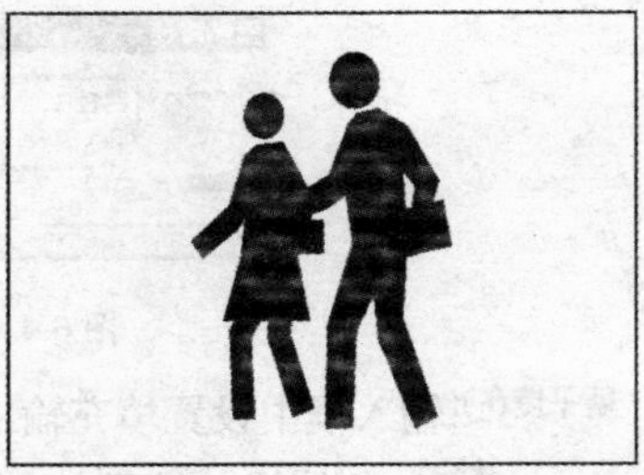

图 6.4.15 图案填充路径

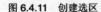

6.4.9 描边路径

在 Photoshop CS3 中，用户可以使用工具箱中的画笔、橡皮擦和图章等工具来描绘路径，具体的操作步骤如下：

（1）在路径面板中选择需要描边的路径，单击路径面板右上角的 按钮，在弹出的路径面板菜单中选择 描边路径... 命令，弹出 描边路径 对话框，如图 6.4.16 所示。

图 6.4.16　"描边路径"对话框

（2）在 工具(T) 下拉列表（见图 6.4.17）中选择描边的工具，设置各项参数，单击 确定 按钮即可对路径进行描边。

（3）还可以直接单击工具箱中的"画笔工具"按钮 ，在其属性栏中设置好各属性，然后单击路径面板底部的"用画笔描边路径"按钮 ，即可对路径进行描边，若要改变描边的颜色，可以重新设置前景色，如图 6.4.18 所示为画笔描边路径效果。

图 6.4.17　工具下拉列表

图 6.4.18　画笔描边路径效果

6.4.10 剪贴路径

利用剪贴路径的功能，可输出路径内的图像，而路径之外的区域则为透明区域。剪贴路径的方法如下：

（1）打开一幅图像并创建路径，在 路径 × 面板菜单中选择 剪贴路径... 命令，弹出 剪贴路径 对话框，如图 6.4.19 所示。

图 6.4.19　"剪贴路径"对话框

（2）在 展平度(F): 输入框中设置填充输出路径之内的图像边缘像素。

（3）单击 确定 按钮，即可完成输出剪贴路径的操作。此后，可选择菜单栏中的 文件(F) → 存储为(V)... 命令，在弹出的 存储为 对话框中将图像保存为 TIFF 格式，其他支持剪贴路径的应用程序就可以使用此图像文件。

6.5　编　辑　路　径

　　编辑路径的工具有添加锚点、删除锚点、转换锚点、路径选择工具和直接选择工具 5 种。利用它们可以对路径中的锚点和线段进行修改调整，下面将分别进行介绍。

6.5.1　添加锚点工具

　　利用添加锚点工具可以在路径上添加新的锚点。在图像中创建一个路径，单击工具箱中的"添加锚点工具"按钮 ，将鼠标指针置于需要添加锚点的路径上，当鼠标指针变为 形状时单击鼠标左键，即可在路径上添加一个新的锚点，效果如图 6.5.1 所示。

原路径　　　　　　　　　添加锚点时光标的状态　　　　　　　　锚点添加完成

图 6.5.1　使用添加锚点工具添加锚点

6.5.2　删除锚点工具

　　利用删除锚点工具可以将路径上已有的锚点删除。单击工具箱中的"删除锚点工具"按钮 ，将鼠标指针置于路径中需要删除的锚点上，当鼠标指针变为 形状时单击鼠标，即可删除路径上的锚点，效果如图 6.5.2 所示。

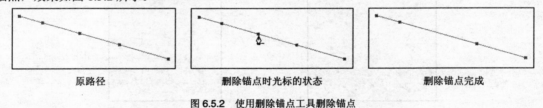

原路径　　　　　　　　　删除锚点时光标的状态　　　　　　　　删除锚点完成

图 6.5.2　使用删除锚点工具删除锚点

6.5.3　转换锚点工具

　　利用转换锚点工具可在平滑曲线和直线之间相互转换，还可以调整曲线的形状。单击工具箱中的"转换锚点工具"按钮 ，将鼠标指针置于路径中需要转换的锚点上，当鼠标指针变为 形状时单击鼠标左键并拖动，即可转换路径上的锚点，同时由于方向线的改变，使得直线段转换为曲线段，效果如图 6.5.3 所示。

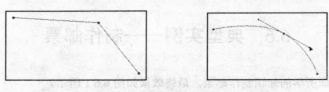

图 6.5.3　转换路径上的锚点

6.5.4 路径选择工具

使用路径选择工具 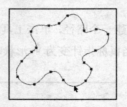 可以选中已创建路径中的所有锚点，拖动鼠标即可将该路径拖动至图像中的其他位置，还可以使用该工具复制路径。

使用路径选择工具复制路径的具体操作如下：

（1）使用路径选择工具单击选中路径中的所有锚点，效果如图 6.5.4 所示。

（2）按住"Alt"键的同时拖动该路径到图像中的合适位置即可完成路径的复制，效果如图 6.5.5 所示。

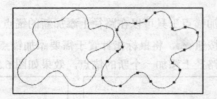

图 6.5.4 使用路径选择工具选中路径中的锚点 图 6.5.5 复制路径

6.5.5 直接选择工具

利用直接选择工具可以选择并移动路径中的某一个锚点，还可以对选择的锚点进行变形操作，以改变路径的形状。其具体操作方法如下：

单击工具箱中的"直接选择工具"按钮 ，然后单击图形中需要调整的路径，此时路径上的锚点全部显示为空心小矩形。再将鼠标移动到锚点上单击，当锚点显示为黑色时，表示此锚点处于选中状态，用鼠标单击并拖动可以对其进行调整，如图 6.5.6 所示。

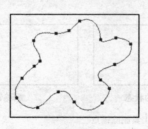 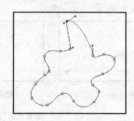

原路径 使用直接选择工具更改路径

图 6.5.6 使用直接选择工具更改路径效果

提示：当需要在路径上同时选择多个锚点时，可以按住"Shift"键，然后依次单击要选择的锚点即可，也可以用框选的方法选取所需的锚点。若要选择路径中的全部锚点，则可以按住"Alt"键在图形中单击路径，当全部锚点显示为黑色时，即表示全部锚点被选择。

6.6 典型实例——制作邮票

本节综合运用前面所学的知识制作邮票，最终效果如图 6.6.1 所示。

图 6.6.1 最终效果图

操作步骤

（1）按"Ctrl+O"键，打开一幅图像，如图 6.6.2 所示。

（2）复制"背景"层为"背景副本"，设置前景色为白色，按"Alt+Delete"键填充背景层，图层面板如图 6.6.3 所示。

图 6.6.2 打开的图像

图 6.6.3 图层面板

（3）确认"背景副本"层为当前图层，按"Ctrl+T"键执行自由变换命令，调整图像的大小及位置，如图 6.6.4 所示。

（4）按"Enter"键确认变换操作。然后单击工具箱中的"魔棒工具"按钮 ，在图像中的白色背景处单击，按"Ctrl+Shift+I"键反向选区，将其中的图像部分选取，如图 6.6.5 所示。

图 6.6.4 变换图像的大小

图 6.6.5 选取图像

（5）单击路径面板底部的"从选区生成工作路径"按钮 ，将选区转换为路径，效果如图 6.6.6 所示。

（6）设置前景色为白色，单击工具箱中的"画笔工具"按钮 ，在其属性栏中单击"切换画笔面板"按钮 ，打开画笔面板，设置如图 6.6.7 所示的参数。

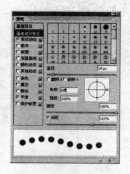

图 6.6.6　将选区转换为路径　　　　　　　图 6.6.7　画笔面板参数设置

（7）单击路径面板底部的"用画笔描边路径"按钮 ，即可得到如图 6.6.8 所示的效果。

（8）将"背景副本"图层作为当前图层，单击工具箱中的"矩形选框工具"按钮，在图像中创建选区，按"Ctrl+Shift+I"键反向选区，按"Delete"键删除，如图 6.6.9 所示。

图 6.6.8　描边路径效果　　　　　　　　图 6.6.9　删除选区中图像的效果

（9）按"Ctrl+D"键取消选区，选择 图层(L) → 图层样式(Y) → 投影(D)... 命令，弹出"图层样式"对话框，参数设置如图 6.6.10 所示。

（10）设置完成后，单击 确定 按钮，效果如图 6.6.11 所示。

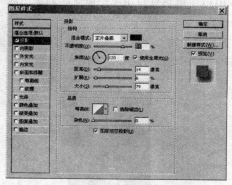

图 6.6.10　"图层样式"对话框　　　　　　图 6.6.11　添加投影效果

（11）按"Ctrl+T"键执行自由变换命令，调整图像大小及位置，最终效果如图 6.6.1 所示。

本 章 小 结

本章系统地介绍了路径的创建、路径的编辑以及路径面板的应用功能与操作方法。通过本章的学习，读者能够熟练使用路径工具创建各种不同形状的路径，并利用编辑路径的工具对所创建的路径进行编辑操作，从而绘制出多种不同的图形效果。

过 关 练 习

一、填空题

1. 路径是由一些_____和_____所组成的线条或图形，是不可打印的_____图形。

2. 编辑路径的工具有_____、_____、_____、_____和_____5 种。

3. _____是由多个节点构成的直线或曲线线段。

4. 路径不是真实的像素图形，它只是用来描绘_____。

5. 钢笔工具是最常用的路径描绘工具，是一系列工具的总称。除了自身外，钢笔工具还包括_____、_____、_____和_____。

6. 路径是由_____、_____、_____和_____等部分组合而成。

7. 自定义一种形状路径，应选择"编辑"菜单中的_____命令，打开"形状名称"对话框，为自定义形状路径命令。

8. 用户可以使用_____工具和_____工具创建路径。

二、选择题

1. 在"工作路径"状态下，"路径"面板菜单中不可用的命令是（   ）。

　（A）复制路径　　　　　　　　（B）删除路径

　（C）存储路径　　　　　　　　（D）建立选区

2. 要将当前的路径转换为选区，可单击路径面板底部的（   ）按钮。

　（A）　　　　　　　　　　　　（B）

　（C）　　　　　　　　　　　　（D）

3. 在 Photoshop CS3 中，用户除了可以利用相应的工具来绘制路径外，还可将（   ）转换为路径。

　（A）图层　　　　　　　　　　（B）切片

　（C）通道　　　　　　　　　　（D）选区

4. （   ）是最常用的一种描绘路径的工具，它可方便地绘制直线或曲线路径。

　（A）矩形工具　　　　　　　　（B）自由钢笔工具

　（C）自定义形状工具　　　　　（D）钢笔工具

5. 单击工具箱中（   ）可以将角点与平滑点进行转换。

　（A）转换点工具　　　　　　　（B）直接选择工具

　（C）路径选择工具　　　　　　（D）添加锚点工具

6. 当选择一块区域后，在"路径"面板上单击"从选区生成工作路径"按钮，可以将（   ）。

　（A）选区转换为工作路径　　　（B）工作路径转换为选区

　（C）删除工作路径　　　　　　（D）复制一个新的选区

7. 不能直接进行剪切操作的路径是（   ）。

　（A）工作路径和普通路径　　　（B）工作路径

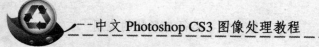

　　（C）普通路径　　　　　　　　　　（D）以上都不对

三、简答题

1．在 Photoshop CS3 中，用来绘制路径的工具有哪些？

2．简述光滑点和角点的区别。

3．简述路径与选区的转换方法。

四、上机操作题

1．请结合本章学习的路径知识，自己绘制一段路径并对其进行描边、填充等操作。

2．利用本章所学的钢笔工具，将题图 6.1 所示的小狗轮廓勾选出来，并将勾选的轮廓路径转换为选区，再将背景填充为白色，其效果如题图 6.2 所示。

题图 6.1　原图像　　　　　　　　　　　　　　　　题图 6.2　效果图

第7章 文字的编辑与处理

章前导航

在 Photoshop CS3 中除了可以绘制与编辑图像外，还可以使用强大的文本编辑功能，将文字与图像相结合，从而给图像的处理与制作带来了极大的方便，本章主要介绍文字的创建方法与编辑技巧。

本章要点

- ➡ 初识文字工具
- ➡ 输入文字
- ➡ 创建文字选区
- ➡ 创建变形文字
- ➡ 编辑文字
- ➡ 文字的转换操作

7.1 初识文字工具

在 Photoshop CS3 中创作平面作品时，文字是不可或缺的一部分，它不仅可以帮助大家快速了解作品所呈现的主题，还可以在整个作品中充当重要的修饰元素，起到画龙点睛的作用。

7.1.1 文字工具

Photoshop CS3 提供了 4 种创建文字的工具，如图 7.1.1 所示。

从中选择相应的文字工具，可在图像中输入文字。如果单击"横排文字蒙版工具"按钮 ▣，在图像中可输入文字的选区，如图 7.1.2 所示。

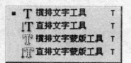

图 7.1.1 文字工具组

图 7.1.2 使用横排文字蒙版工具输入文字选区

7.1.2 文字工具属性栏

以上 4 种文字工具的属性栏内容基本类似，只有对齐方式按钮在选择横排或直排文字工具时不同，下面以横排文字工具的属性栏为例进行讲解。

单击工具箱中的"横排文字工具"按钮 ▣，其属性栏如图 7.1.3 所示。

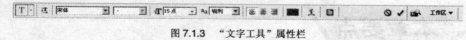

图 7.1.3 "文字工具"属性栏

▣：单击此按钮，可以在文字的水平和垂直方向进行相互切换。

▣：在该下拉列表中可以选择输入文字的字体。

▣：在该下拉列表中可以选择输入文字的字型。该选项只在输入英文字母状态下有效，包含 Regular（常规）、Italic（斜体）、Bold（加粗）和 Bold Italic（粗斜体）4 个选项，如图 7.1.4 所示。

▣：在该下拉列表中可选择输入字体的大小，也可直接在其后面的文本框中输入字体的大小数值。

▣：在该下拉列表中可选择消除锯齿的方法，其中包括无、锐利、犀利、浑厚和平滑 5 种，如图 7.1.5 所示。

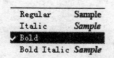

图 7.1.4 文字字型下拉列表

图 7.1.5 消除锯齿下拉列表

▣：该组按钮可用来设置输入文本的对齐方式。选择横排文字工具时，从左至右分别为左对齐文本、居中对齐文本和右对齐文本；选择直排文字工具时，从左至右分别为顶对齐文本、居中对齐文本和底对齐文本。

单击▣图标，在弹出的"拾色器"对话框中设置需要的字体颜色。

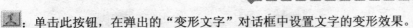：单击此按钮，在弹出的"变形文字"对话框中设置文字的变形效果。

：单击此按钮，打开或关闭"字符"和"段落"面板。

：单击此按钮，取消刚才的输入或修改操作。

：单击此按钮，确认刚才的输入或修改操作。

7.2 输 入 文 字

在 Photoshop CS3 中，用户可以输入 3 种文字，分别是点文字、段落文字和路径文字，下面将分别进行介绍。

7.2.1 输入点文字

点文字是一种常用的、不会自动换行的文字，一般用于输入标题、名称及简短的广告语等。具体输入方法为：单击工具箱中的"横排文字工具"按钮 T 或"直排文字工具"按钮 T ，然后在图像中需要输入文字的位置单击鼠标。如图 7.2.1 所示，当出现闪烁的光标时输入文字，即可得到点文字。点文字的每行文字都是独立的，可以随意地增加或缩短行的长度，但绝不能对其进行换行，效果如图 7.2.2 所示。

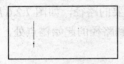

图 7.2.1　闪烁的光标

图 7.2.2　输入的横排和直排点文字效果

7.2.2 输入段落文字

段落文字是在文本框中创建的，它根据文本框的尺寸进行自动换行，一般用于在画册、杂志和报纸中输入文字。具体的输入方法为：单击工具箱中的"横排文字工具"按钮 T 或"直排文字工具"按钮 T ，在图像窗口中拖动鼠标左键形成一个段落文本框，当出现闪烁的光标时输入文字，即可得到段落文字，效果如图 7.2.3 所示。

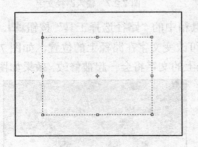

图 7.2.3　输入段落文字效果

与点文字相比，段落文字可设置更多种对齐方式，还可以通过调整矩形框使文字倾斜排列或使文字大小变化等。移动鼠标到段落文本框的控制点上，当光标变成 形状时，拖动鼠标可以很方便地调整段落文本框的大小，效果如图 7.2.4 所示。当光标变成 形状时，可以对段落文本框进行旋转，如图 7.2.5 所示。

图 7.2.4　调整文本框的大小

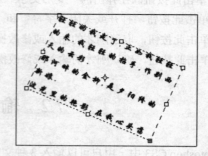

图 7.2.5　旋转文本框

7.2.3　输入路径文字

创建路径后，就可以在创建的路径上输入文字。

1．在路径上输入文字

在路径上输入文字是指在创建路径的外侧创建文字，即在 Photoshop CS3 中输入文字时，可以利用钢笔工具或形状工具在图像中创建工作路径，然后再输入文字，使创建的文字沿路径排列，具体操作步骤如下：

（1）单击工具箱中的"钢笔工具"按钮　，在图像中创建需要的路径，如图 7.2.6 所示。

（2）单击工具箱中的"文字工具"按钮　，将鼠标指针移动到路径的起始锚点处，单击插入光标，然后输入需要的文字，效果如图 7.2.7 所示。

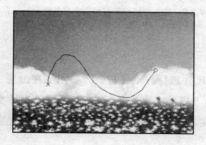

图 7.2.6　创建的路径

图 7.2.7　输入路径文字

（3）若要调整文字在路径上的位置，可单击工具箱中的"路径选择工具"按钮　，将鼠标指针指向文字，当指针变为　或　形状时拖曳鼠标，即可改变文字在路径上的位置，如图 7.2.8 所示。

（4）还可以对创建好的路径形状进行修改，路径上的文字将会一起被修改，效果如图 7.2.9 所示。

图 7.2.8　调整文字在路径上的位置

图 7.2.9　修改路径形状效果

（5）在"路径"面板空白处单击鼠标可以将路径隐藏。

2．在路径内输入文字

在路径内输入文字是指在创建的封闭路径内创建文字，具体方法如下：

（1）新建文件后，单击工具箱中的"椭圆工具"按钮 ⬤，在页面中创建如图 7.2.10 所示的椭圆路径。

（2）单击工具箱中的"横排文字工具"按钮 T，将鼠标指针移动到椭圆路径内部，当光标变成如图 7.2.11 所示的形状时，单击鼠标在如图 7.2.12 所示的状态下输入需要的文字，输入文字后的效果如图 7.2.13 所示。

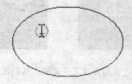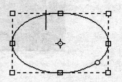

图 7.2.10 创建的路径　　　　　图 7.2.11 选择起点　　　　　图 7.2.12 设置起点

（3）从输入的文字大家会看到文字按照路径形状自行更改位置，将路径隐藏即可完成输入，效果如图 7.2.14 所示。

图 7.2.13 输入文字　　　　　　图 7.2.14 隐藏路径

7.3 创建文字选区

在 Photoshop CS3 中可以用来创建文字选区的工具有"横排文字蒙版工具"按钮 T 和"直排文字蒙版工具"按钮 T，且创建选区的过程是在蒙版中进行。

7.3.1 横排文字蒙版工具

利用横排文字蒙版工具可以在图像中任意图层的水平方向上创建文字选区，该工具的使用方法与"横排文字工具"按钮 T 相同，单击工具箱中的"横排文字蒙版工具"按钮 T，在图像中单击并输入文字，Photoshop 会按文字形状创建选区，创建完成后单击工具栏的"提交所有当前编辑"按钮 ✓ 或在工具箱中选择其他工具即可创建完成，如图 7.3.1 所示。文字选区出现在当前图层中，而不会新建一个文字图层，并可以像普通选区一样进行移动、复制、填充、描边或添加阴影等操作。

图 7.3.1 使用横排文字蒙版工具创建文字选区

7.3.2　直排文字蒙版工具

直排文字蒙版工具的使用基本与横排文字蒙版工具相同，可以在任何图层的垂直方向上创建文字选区。在添加时，系统也不会创建新的文字图层，如图 7.3.2 所示。

图 7.3.2　使用直排文字蒙版工具创建文字选区

提示：使用"横排文字蒙版工具"按钮 和"直排文字蒙版工具"按钮 创建选区时，选项栏的设置只有在输入文字时才起作用，变为选区后就不起作用了，创建的选区可以填充前景色、背景色、渐变色或图案。

7.4　创建变形文字

在 Photoshop CS3 中提供了 15 种变形文字样式，利用这些样式可以对文本图层进行各种形式的弯曲与变形操作，如扇形、旗帜、拱形、凸起、扭转等。

选择需要变形的文字，然后单击"文字工具"属性栏中的"变形文本"按钮 ，或选择 图层(L) → 文字(T) → 文字变形(W)... 命令，弹出"变形文字"对话框，如图 7.4.1 所示，在其中可选择各种文字的变形样式。

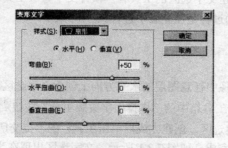

图 7.4.1　"变形文字"对话框

样式(S)：用于选择文字的可变外形样式。

选中 水平(H) 单选按钮，可将变形的方向设置为水平方向。

选中 垂直(V) 单选按钮，可将变形的方向设置为垂直方向。

弯曲(B)：用于设置文字变形的弯曲程度，值越大，弯曲幅度越大。

水平扭曲(O)：用于设置在水平方向的弯曲程度。

垂直扭曲(E)：用于设置在垂直方向的弯曲程度。

在该对话框中设置完参数后，单击 确定 按钮，即可对当前文本图层应用变形样式效果，如

图 7.4.2 所示为部分变形样式效果。

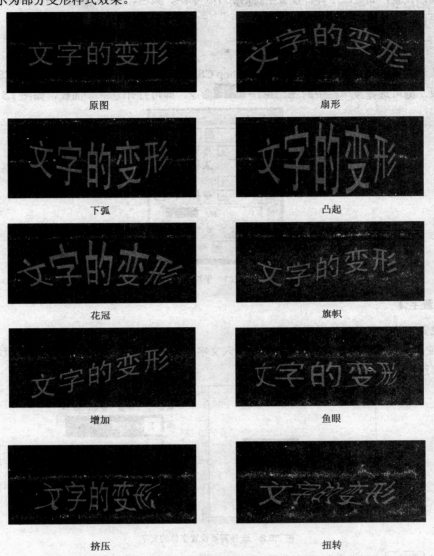

原图 　　　　　　　　　　　扇形

下弧 　　　　　　　　　　　凸起

花冠 　　　　　　　　　　　旗帜

增加 　　　　　　　　　　　鱼眼

挤压 　　　　　　　　　　　扭转

图 7.4.2　变形文字效果

7.5　编　辑　文　字

对于输入的点文字和段落文字，用户不但可以在其属性栏中设置，还可以通过字符面板和段落面板进行设置。其中字符面板主要用来设置输入点文字的属性，段落面板用来设置段落文本的属性。下面将分别进行介绍。

7.5.1　文字的字符设置

在 Photoshop CS3 中进行文字处理时，不管是在输入文字前还是在输入文字后，都可以对文字格式进行精确的设置，如更改字体，设置字符的大小、字距、颜色、行距、两个字符之间的字距、所选字符的字距以及进行水平缩放等操作。

1. 显示字符面板

在默认设置下，字符× 面板显示在 Photoshop CS3 窗口的右侧。如果在 Photoshop CS3 中没有显示出此面板，则可选择菜单栏中的 窗口(W) → 字符 命令，即可打开 字符× 面板，如图 7.5.1 所示。

图 7.5.1　字符面板

2. 设置字体

要想设置字体，其具体的操作步骤如下：

（1）使用工具箱中的文字工具在图像中输入文字（点文字或段落文字），然后按住鼠标左键并拖动选择需要设置字体的文字，如图 7.5.2 所示。

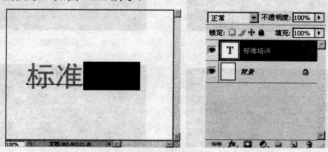

图 7.5.2　选择需要设置字体的文字

（2）在 字符× 面板左上角单击设置字体下拉列表框，可从弹出的下拉列表中选择需要的字体，所选择的文字字体将会随之改变，如图 7.5.3 所示。

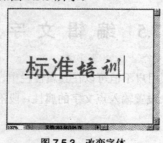

图 7.5.3　改变字体

3. 改变字体大小

要想设置字体大小，其具体的操作步骤如下：

（1）选择需要设置字体大小的文字。

（2）在 字符× 面板中的 T 150点 下拉列表框中选择数值或直接输入数值，即可改变所选文字的大小，如图 7.5.4 所示。

图 7.5.4 改变字体大小前后效果对比

4．调整行距

行距是两行文字之间的基线距离。Photoshop CS3 中的默认行距为自动，在 "字符" 面板中单击 A/A (自动) 下拉列表，从弹出的下拉列表中选择需要的行距数值，也可直接输入行距数值来改变所选文字行与行之间的距离，如图 7.5.5 所示。

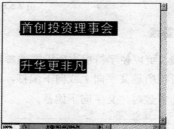

图 7.5.5 改变行距前后效果对比

5．调整字符间距

调整字符间距的具体操作方法如下：

（1）选择要调整字符间距的文字，如图 7.5.6 所示。

（2）在 字符× 面板中单击 0 下拉列表框，从弹出的下拉列表中选择字符间距的数值，也可直接输入所需的字符间距数值，即可改变所选字符间的距离，如图 7.5.7 所示。

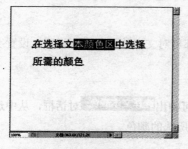

图 7.5.6 选择要调整字符间距的文字　　　　图 7.5.7 改变字符间距

提示：如果需要对两个字符之间的距离进行微调，可使用文字工具在两个字符之间单击，然后在 字符× 面板中单击 右侧的下拉列表，从中选择所需的数值或直接输入数值即可。

6. 更改字符长宽比例

更改字符长宽比例的具体操作方法如下：

（1）输入文字后，选择需要调整字符水平或垂直比例的文字。

（2）在 字符× 面板中的垂直缩放 **IT** 100% 与水平缩放 **I** 100% 输入框中输入数值，即可对所选的文字进行缩放，如图 7.5.8 所示。

输入的文字　　　　　　　　垂直缩小 50%　　　　　　　　水平放大 200%

图 7.5.8　缩放文字

7. 偏移字符基线

移动字符基线，可以使字符根据所设置的参数上下偏移基线。在 字符× 面板中的 0点 输入框中输入数值，可使所选文字向上或向下偏移，如图 7.5.9 所示。输入的数值为正数时，文字向上偏移；输入的数值为负数时，文字向下偏移。

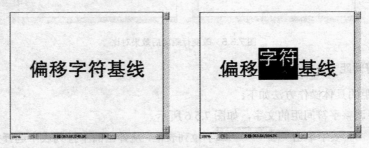

图 7.5.9　使文字偏移基线

8. 设置字符颜色

在 Photoshop CS3 中输入文字前或输入文字后，都可对文字的颜色进行设置。设置字符颜色的具体方法如下：

（1）选择需要改变颜色的文字。

（2）在 字符× 面板中单击 颜色: 右侧的颜色块，可弹出 选择文本颜色: 对话框，从中选择所需的颜色后，单击 确定 按钮，即可将文字颜色更改为所选的颜色。

9. 转换英文字符大小写

在 Photoshop CS3 中提供了可以方便转换英文字符大小写的功能。该功能的具体使用方法如下：

（1）输入英文字母后，选择需要改变大小写的英文字符。

（2）在 字符× 面板中单击"全部大写字母"按钮 **TT** 或"小型大写字母"按钮 **Tr**，即可更改所选字符的大小写，如图 7.5.10 所示。

Photoshop CS3	PHOTOSHOP CS3	PHOTOSHOP CS3
输入的字符	改变为全部大写字母	改变为小型大写字母

图 **7.5.10** 更改英文字符大小写

也可以在 字符× 面板中单击右上角的三角按钮 ▾≡，从弹出的面板菜单中选择 全部大写字母(C) 或 小型大写字母(M) 命令，来改变所选英文字符的大小写。

在 字符× 面板中单击"仿粗体"按钮 **T**，可将当前的文字加粗；单击"仿斜体"按钮 *T*，可将当前的文字倾斜；单击"上标"按钮 T¹，可将所选文字设置为上标文字；单击"下标"按钮 T₁，可将所选文字设置为下标文字；单击"下画线"按钮 T̲，可在选中的文字下方添加下画线；单击"删除线"按钮 T̶，可在所选文字上添加一条删除线。

7.5.2 文字的段落设置

段落文字是在输入文字时，末尾带有回车符的任何范围的文字。对于点文字，一行就是一个单独的段落；而对于段落文字，一段中有多行。如果要设置段落文字的格式，可通过 段落× 面板中的选项设置来应用于整个段落。在默认情况下，段落× 与 字符× 面板在一起，可以通过选择菜单栏中的 窗口(W) → 段落 命令，或直接在文字工具属性栏中单击 ≣ 按钮，也可打开 段落× 面板，如图 7.5.11 所示。

1. 对齐和调整文字

可以将文字与段落一端对齐，也可以将文字与段落两端对齐，以达到整齐的视觉效果。

在 段落× 面板或文字工具属性栏中，文字的对齐选项有以下几种：

（1）"左对齐文本"按钮 ≣：使点文字或段落文字左端对齐，右端参差不齐，如图 7.5.12 所示。

图 **7.5.11** 段落面板

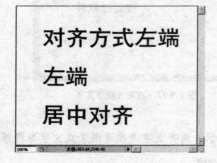

图 **7.5.12** 左对齐文字

（2）"居中文本"按钮 ≣：使点文字或段落文字居中对齐，两端参差不齐，如图 7.5.13 所示。

（3）"右对齐文本"按钮 ≣：使点文字或段落文字右对齐，左端参差不齐，如图 7.5.14 所示。

图 7.5.13 居中对齐文字

图 7.5.14 右对齐文字

在 段落 × 面板或文字工具属性栏中，文字的段落对齐选项有：

（1）"最后一行左边对齐"按钮 ■：可将段落文字最后一行左对齐，如图 7.5.15 所示。

（2）"最后一行居中对齐"按钮 ■：可将段落文字最后一行居中对齐，如图 7.5.16 所示。

图 7.5.15 左对齐段落文字

图 7.5.16 居中对齐段落文字

（3）"最后一行右边对齐"按钮 ■：可将段落文字最后一行右对齐，如图 7.5.17 所示。

（4）"全部对齐"按钮 ■：可将段落文字最后一行强行全部对齐，如图 7.5.18 所示。

图 7.5.17 右对齐段落文字

图 7.5.18 全部对齐段落文字

 提示：对齐文字选项适用于点文字与段落文字；对齐段落选项只适用于段落文字。

2．段落缩进

段落缩进是指段落文字与文字定界框之间的距离。缩进只影响所选段落，因此可以很容易地为多个段落设置不同的缩进。

在"段落"面板中的左缩进输入框 ■ 0点 中输入数值，可设置段落文字在定界框中左边的缩进量，如图 7.5.19 所示。

图 7.5.19　设置段落文字的左缩进

在右缩进输入框 **⊒⁺ [0点]** 中输入数值，可设置段落文字在定界框中右边的缩进量。

在首行缩进输入框 **≣ [0点]** 中输入数值，可设置段落文字在定界框中的首行缩进量。

3. 更改段落间距

在 "段落" 面板中的段前添加空格输入框 **≣ [0点]** 中输入数值，可设置所选段落文字与前一段文字之间的距离；在段后添加空格输入框 **≣ [0点]** 中输入数值，可设置所选段落文字与后一段文字之间的距离。

7.6　文字的转换操作

在 Photoshop CS3 中，用户可以将创建的文字图层转换为普通图层、形状图层或路径等。下面将进行具体介绍。

7.6.1　将文本转换为普通图层

在图像中创建文字以后，有些效果不能直接作用于文本图层，因此，在使用前首先要将文字图层进行栅格化，即将文本图层转换为普通图层，然后再对它进行各种特殊效果处理。下面介绍几种方法：

（1）选择需要栅格化的文字图层，然后选择 **图层(L)** → **栅格化(Z)** → **文字(T)** 命令，即可将文字图层转化为普通图层，如图 7.6.1 所示。

图 7.6.1　栅格化文字图层

（2）在需要栅格化的文字图层上单击鼠标右键，在弹出的快捷菜单中选择 **栅格化图层** 命令即可栅格化文字图层。

若还未将文字图层转换为普通图层，对其使用某些效果时，系统会自动弹出如图 7.6.2 所示的提

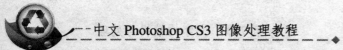

示框，单击 **确定** 按钮，系统会自动将文字图层转换为普通图层并对其进行相关的效果处理。

图 7.6.2 提示框

7.6.2 点文字和段落文字的转换

在图像中创建文字图层后，用户可以根据需要将其在段落文字与点文字之间进行相互转换。

1. 将点文字转换为段落文字

在图层面板中选择需要转换的点文字图层，再选择 **图层(L)** → **文字(T)** → **转换为段落文本(P)** 命令，即可将点文字图层转换为段落文字图层。在将点文字图层转换为段落文字图层的过程中，输入的每一行文字将会成为一个段落，如图 7.6.3 所示。

PHOTOSHOP CS3	PHOTOSHOP CS3
PHOTOSHOP CS3	PHOTOSHOP CS3
PHOTOSHOP CS3	PHOTOSHOP CS3
PHOTOSHOP CS3	PHOTOSHOP CS3
PHOTOSHOP CS3	PHOTOSHOP CS3
输入的点文字	转换后的段落文字

图 7.6.3 转换文字效果

2. 将段落文字转换为点文字

在图层面板中选择用来转换的段落文字图层，再选择 **图层(L)** → **文字(T)** → **转换为点文本(P)** 命令，即可将段落文字图层转换为点文字图层。在将段落文字图层转换为点文字图层的过程中，系统将在每行文字的末尾添加一个换行符，使其成为独立的文本行。另外，在转换之前，如果段落文字图层中的某些文字超出文本框范围，没有被显示出来，则表示这部分文字在转换过程中已被删除。

7.6.3 将文本转换为路径

将文本转换为工作路径就是在图像中的文字边缘处加上与文字形状相同的路径，这样就可利用编辑路径工具对文字进行各种编辑操作，而不会影响文字图层。将文字转换为工作路径的具体操作方法如下：

（1）在图像中输入文字，如图 7.6.4 所示。选择 **图层(L)** → **文字(T)** → **创建工作路径(C)** 命令，即可将输入的文字转换为工作路径。

（2）单击工具箱中的"路径选择工具"按钮 ，选择转换后的文字路径并拖动鼠标即可将其移动，效果如图 7.6.5 所示。

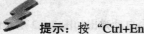 **提示**：按 "Ctrl+Enter" 将路径转换为选区。

图 7.6.4　输入文字效果　　　　　　图 7.6.5　转换文字为工作路径

7.6.4　将文本转换为形状

将文本转换为形状后，可以对其进行形状图层的一些操作，还可以对其设置各种特殊的样式。具体的操作方法如下：

（1）在图像中输入文字，选择 图层(L) → 文字(T) → 转换为形状(A) 命令，即可将文字图层转换为形状图层，如图 7.6.6 所示。

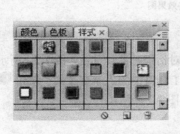

图 7.6.6　输入文字并转换为形状

（2）此时，单击"样式"面板中预设的特殊样式即可将其应用到形状文字中，效果如图 7.6.7 所示。

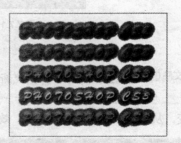

图 7.6.7　为转换后的文字图层应用特殊样式

7.6.5　将文字转换为选区

在 Photoshop CS3 中，不仅可以使用文字蒙版工具创建文字的选区，还可以使用横排文字工具与直排文字工具创建文字后，将其转换为选区，再进行编辑处理，从而可以创作出特殊的文字效果。将文字转换为选区的具体操作方法如下：

（1）在 图层 面板中选择文字图层。

（2）按住"Ctrl"键的同时在 图层 面板中单击文字图层列表前的缩览图，就可将文字图层转换

为选区，如图 7.6.8 所示。

图 7.6.8　将文字图层转换为选区

7.6.6　栅格化文字

选择文字图层后，选择菜单栏中的 图层(L) → 栅格化(Z) → 文字(T) 命令，可将文字栅格化，栅格化后的文字将变为光栅图像，文字的内容以及字符与段落的属性将无法修改。但可以使用滤镜和绘画工具编辑文字。

7.7　典型实例——制作黄金字

本节综合运用前面所学的知识制作黄金字，最终效果如图 7.7.1 所示。

图 7.7.1　最终效果图

操作步骤

（1）选择 文件(F) → 新建(N) 命令，弹出"新建"对话框，参数设置如图 7.7.2 所示。

（2）单击 确定 按钮，新建文件。选择工具箱中的"渐变工具"按钮 ，设置为"粉色至白色"渐变，从下至上拖动，拉出渐变，效果如图 7.7.3 所示。

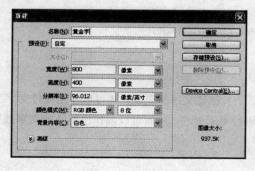

图 7.7.2　"新建"对话框　　　　　　　　　　　　图 7.7.3　填充渐变

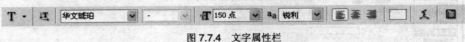

（3）设置背景色为"黑色"，选择工具箱中的"横排文字工具"按钮 ，设置其属性栏如图 7.7.4 所示。

图 7.7.4　文字属性栏

（4）输入"黄金字"，选择文字层，效果如图 7.7.5 所示。

（5）单击鼠标右键，选择"栅格化文字图层"命令，图层面板如图 7.7.6 所示。

图 7.7.5　输入文字　　　　　　　　　　图 7.7.6　图层面板

（6）选择 图层(L) → 图层样式(Y) → 混合选项(N) 命令，弹出"图层样式"对话框。

（7）单击 ☑ 投影 选项，参数设置及投影效果如图 7.7.7 所示。

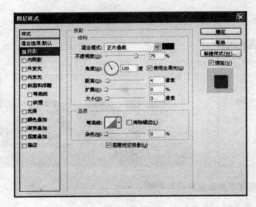

图 7.7.7　投影参数设置及效果图

（8）单击 ☑ 外发光 选项，参数设置及外发光效果如图 7.7.8 所示。

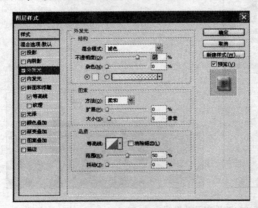

图 7.7.8　外发光参数设置及效果图

（9）单击 ☑ 内发光 选项，参数设置及内发光效果如图 7.7.9 所示。

图 7.7.9　内发光参数设置及效果图

（10）单击 ☑ 斜面和浮雕 选项，设置其参数，得到如图 7.7.10 所示的效果。

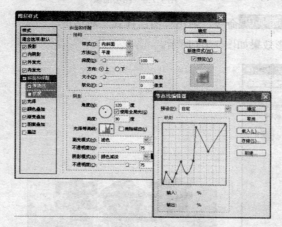

图 7.7.10　斜面和浮雕参数设置及效果图

（11）单击 ☑ 等高线 选项，其参数设置，得到如图 7.7.11 所示的效果。

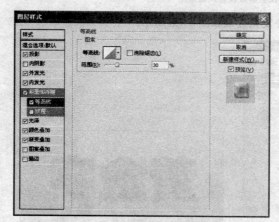

图 7.7.11　等高线参数设置及效果图

（12）单击 ☑ 光泽 选项，设置其参数，得到如图 7.7.12 所示的效果。

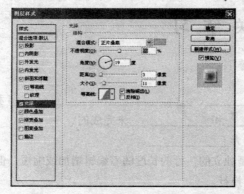

图 7.7.12　光泽参数设置及效果图

（13）单击 **颜色叠加** 选项，设置其参数，得到如图 7.7.13 所示的效果。

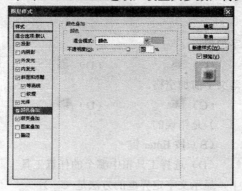

图 7.7.13　颜色叠加参数设置及效果图

（14）单击 **渐变叠加** 选项，设置其参数，得到如图 7.7.14 所示的效果。

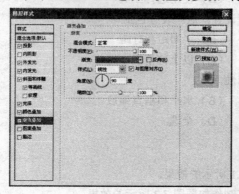

图 7.7.14　渐变叠加参数设置及效果图

（15）单击 **确定** 按钮，完成对文字样式的设置，最终效果如图 7.7.1 所示。

本 章 小 结

本章主要介绍了文字的创建与编辑方法，通过本章的学习，希望读者能够灵活熟练地使用文字工具制作出各式各样的文字特殊效果。

过 关 练 习

一、填空题

1. 文字工具包括_____、_____、_____和_____4种。

2. 文字属性和段落属性是通过_____和_____来完成的。

3. 栅格化文字图层，就是将文字图层转换为_____。

4. 当输入_____时，每行文字都是独立的，行的长度随着编辑增加或缩短，但不换行；输入_____时，文字基于定界框的尺寸换行。

5. 将段落文字转换为文字时，所有溢出定界框的字符_____，且每个文字行的末尾都会_____。

二、选择题

1. 在字符面板中单击（   ）按钮，可将文字加粗。

   （A）T   （B）T   （C）T   （D）T

2. 在段落面板中使用（   ）按钮，可在段落文字前加空格。

   （A）   （B）   （C）   （D）

3. 在提交对文字图层更改时，以下选项中（   ）是错误的。

   （A）单击工具选项中的按钮   （B）按 Enter 键

   （C）按 Ctrl+Enter 组合键   （D）选择工具箱中哪个的任意工具

4. 在选中文字图层且启动文字工具的情况下，显示文字定界框的方法是（   ）。

   （A）在图像中的文本中单击   （B）在图像中的文本中双击

   （C）按 Ctrl 键   （D）使用选择工具

5. 在"字符"面板中，可以对文字属性进行设置，这些设置包括（   ）。

   （A）字体、大小   （B）字间距和行距

   （C）字体颜色   （D）以上都正确

6. 使用字符控制面板可设置文字的（   ）属性。

   （A）文字大小   （B）水平和垂直缩放

   （C）字间距   （D）全选

三、上机操作题

1. 在图像中输入点文字，为其制作如题图 7.1 所示的效果。

2. 在图像中输入点文字，利用路径工具为其制作如题图 7.2 所示的效果。

题图 7.1

题图 7.2

第 *8* 章 | 调整图像色彩

章前导航

一幅成功的作品不单单是在创意和内容上取胜，在颜色的表现上也要有其特点。Photoshop CS3 提供了一系列调整图像色彩和色调的命令，如色阶、曲线、亮度/对比度等，利用这些命令，用户可以在同一图像中调配出呈现不同颜色的效果，从而有效地控制色彩，做出高品质的作品。

本章要点

➡ 色彩的基本概念

➡ 快速调整

➡ 自定义调整

➡ 色调调整

➡ 其他调整

8.1 色彩的基本概念

色彩不仅仅是点缀生活的重要角色，而且也是一门学问。要在设计作品中灵活、巧妙地运用色彩，使作品达到各种精彩效果，就必须学习一些关于色彩的相关知识。

8.1.1 色彩的构成

色彩一般分为无彩色和有彩色两大类。无彩色是指黑色、灰色、白色，如图 8.1.1 所示。

黑色   灰色   白色

图 8.1.1　无彩色

有彩色则包括红色、黄色、蓝色、绿色等常见的颜色，如图 8.1.2 所示。从原理上讲，有彩色就是具备光谱上的某种或某些色相，统称为彩调；与此相反，无彩色就没有彩调。

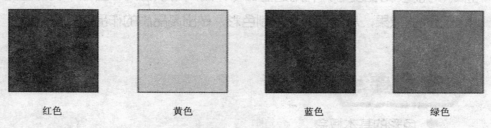

红色   黄色   蓝色   绿色

图 8.1.2　有彩色

从视觉的角度分析，颜色包含 3 个要素，即色调、饱和度和亮度，人眼看到的任意彩色光都是这 3 个特性的综合效果。其中色调与光波的波长有直接关系，亮度和饱和度则与光波的幅度有关。

1. 色调

色调又称色相，是指色彩的相貌，或是区别色彩的名称或色彩的种类，而色调与色彩明暗无关。如苹果是红色的，这红色便是一种色调。色调的种类很多，普通色彩专业人士可辨认出 300～400 种，但如果要仔细分析，可有一千万种之多。

2. 饱和度

饱和度是指色彩的强弱，也可以说是色彩的彩度，调整图像的饱和度也就是调整图像的彩度。将一个彩色图像的饱和度降低为 0 时，就会变成一个灰色的图像，增加饱和度就会增加其彩度。例如，调整彩色电视机的饱和度，就会调整其彩度。

3. 亮度

亮度是指色彩的明暗程度，亮度的高低，要根据其接近白色或灰色的程度而定。越接近白色，亮度越高；越接近灰色或黑色，其亮度越低，如红色有明亮的红或深暗的红，蓝色有浅蓝或深蓝。在彩色中，黄色亮度最高，紫色亮度最低。

8.1.2 色彩的对比

在同一环境下，人对同一色彩有不同的感受，而在不同的环境下，多色彩会给人另一种印象。色彩之间这种相互作用的关系称为色彩对比。

色彩对比包括两方面：其一，时间隔序，称同时发生的对比；其二，空间位置，称连贯性的对比。对比本来是指性质对立的双方相互作用、相互排斥，但在某种条件下，对立的双方也会相互融合、相互协调。

8.1.3 色彩的调和

色彩的调和有两层含义：一是色彩调和是配色美的一种形态，一般认为好看的配色，能使人产生愉快、舒适感；二是色彩调和是配色美的一种手段。色彩的调和是针对色彩的对比而言的，没有对比也就无所谓调和，两者既互相排斥又互相依存，相辅相成。不过，色彩的对比是绝对的，因为两种以上的色彩在构成中总会在色调、饱和度、亮度、面积等方面或多或少的差别，这种差别必然会导致不同程度的对比。对比过强的配色需要加强共性来调和；对比过于暧昧的配色需要加强对比来进行调和。色彩的调和就是在各色的统一与变化中表现出来的，也就是说，当两个或两个以上的色彩搭配组合时，为了达成一项共同的表现目的，使色彩关系组合并调整成一种和谐、统一的画面效果，这就是色彩调和。

8.1.4 Photoshop 中的专色

专色是特殊的预混油墨，用来替代或补充印刷色（CMYK）油墨。每种专色在胶印时要求有专用的印版（因为印刷时调油墨也要求有单独的印版，它也被认为是一种专色）。

在处理专色时，需要注意以下几点：

（1）要将专色作为一种色调应用于整个图像，将图像转换为双色调模式，并在其中一个双色调印版上应用专色。可以使用多达 4 个专色，每个印版一个。

（2）要将专色用于图像的特定区域，必须创建专色通道。专色通道可以在图像中增加和预览。

（3）可以创建新专色通道或将现有 Alpha 通道转换为专色通道。

（4）专色通道像 Alpha 通道一样，任何时候都可以编辑或删除。

（5）专色不能应用于单个图层。

专色印刷有以下几个特点：

（1）准确性。每一种专色都有其本身固定的色相，所以它能够保证印刷中颜色的准确性，从而在很大程度上解决了颜色传递准确性的问题。

（2）实地性。专色一般用实地色定义颜色，而无论这种颜色有多浅。当然，也可以给专色加网，以呈现专色的任意深浅色调。

（3）不透明性。专色油墨是一种覆盖性质的油墨，它是不透明的，可以进行实际的覆盖。

（4）表现色域宽。套色色库中的颜色色域很宽，超过了 RGB 的表现色域，更不用说 CMYK 颜色空间了，所以，有很大一部分颜色是用 CMYK 四色印刷油墨无法呈现的。

8.1.5 颜色模式

Photoshop 中颜色模式决定用于显示和打印图像的颜色模型。要选择合适的颜色，首先要了解色彩模式，因为色彩模式将会影响默认颜色通道的颜色数量和图像文件的大小。在 Photoshop 中的颜色模式共有 8 种，分别是位图模式、灰度模式、双色调模式、索引模式、RGB 颜色模式、CMYK 颜色模式、Lab 颜色模式和多通道模式。

1. 位图模式

位图模式是由白色和黑色两种颜色组成的，所以也被称为黑白图像，位图图像由 1 位像素组成，所以其文件最小，所占的磁盘空间也最少。如果要将其他模式的图像转换为位图模式，则要先将图像转换为灰度模式，然后再转换成位图模式。

例如将 RGB 模式的图像转换为位图模式，其具体的操作如下：

（1）打开一幅如图 8.1.3 所示的 RGB 模式图像，选择菜单栏中的 图像(I) → 模式(M) → 灰度(G) 命令，可弹出一个提示框，如图 8.1.4 所示，提示用户如果继续操作，将导致图像的色彩丢失。

（2）单击 扔掉 按钮继续操作，图像的色彩模式被转换为灰度模式，如图 8.1.5 所示，原来的色彩被灰度显示的方式替代。

图 8.1.3　RGB 模式图像　　　　图 8.1.4　提示框　　　　图 8.1.5　灰度图像

（3）选择菜单栏中的 图像(I) → 模式(M) → 位图(B)... 命令，可弹出 位图 对话框，如图 8.1.6 所示。在其中设置位图图像的各种参数和输出方式如下：

1）分辨率 选项区：用来显示当前图像的分辨率与设定转换成位图后的分辨率。单位有 像素/英寸 与 像素/厘米 ，一般选择 像素/英寸 。

2）方法 选项区：用来设定转换成位图时的 5 种减色方法，如图 8.1.7 所示，根据需要可以选择相应的选项。

（4）选择不同转换方法后会得到相应的效果图，这里选择"扩散仿色"选项，单击 确定 按钮，转换位图模式后的效果如图 8.1.8 所示。

 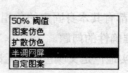 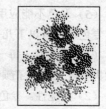

图 8.1.6　"位图"对话框　　　图 8.1.7　5 种减色方法　　　图 8.1.8　转换后的位图图像

2. 灰度模式

灰度模式只存在灰度，共有 256 级灰度，灰度图像中的每个像素都有一个 0（黑色）～256（白色）之间的亮度值。灰度值也可以用黑色油墨覆盖的百分比来度量（5%等于白色，100%等于黑色）。

当把图像转换为灰度模式后，可除去图像中所有的颜色信息，转换后的像素色度（灰阶）表示原有像素的亮度。亮度是唯一能影响灰度图像的因素，当灰度值为 0（最小值）时，生成的颜色是黑色；当灰度值为 255（最大值）时，生成的颜色是白色。如图 8.1.5 所示是将彩色图像转换为灰度模式的黑白图像。

3．双色调模式

双色调模式的建立弥补了灰度图像的不足。因为虽然灰度图像能拥有 256 种灰度级别，但是放到印刷机上，每滴油墨却只能产生 50 种左右灰度效果。这意味着如果只用一种黑色油墨打印灰度图像，产生的效果将非常粗糙，因此，就可以将灰度模式的图像转换为双色调模式。双色调模式可以将尽量少的颜色表现出尽量多的颜色层次，这对于减少印刷成本是很重要的，每增加一种色调都需要增加更多的成本。

如果要将 RGB 等类型的彩色图像转换为双色调模式，只有转换为 8 位/通道的灰度模式的图像，才能进一步转换为双色调模式。选择菜单栏中的 图像(I) → 模式(M) → 双色调(D)... 命令，可弹出 双色调选项 对话框，如图 8.1.9 所示。

在 类型(T)： 下拉列表中可选择颜色类型，如图 8.1.10 所示。选择某种类型的色调后，其下方对应色调类型的油墨项就会被激活。例如选择 双色调 选项时，其下方相应的 油墨 1(1)： 与 油墨 2(2)： 选项将被激活。

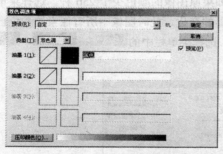

图 8.1.9　"双色调选项"对话框　　　　　　图 8.1.10　选择颜色类型

油墨 1(1)： 与 油墨 2(2)： 右侧的第一个设置框是色调曲线设置框，单击此框将弹出 双色调曲线 对话框，如图 8.1.11 所示。通过对曲线的调整或在右边的方框中输入数据，可以调整油墨的密度分布与灰度图像明暗分布之间的关系。曲线越高表示油墨越多，图像也越暗。

单击 油墨 1(1)： 与 油墨 2(2)： 右侧的第二个设置框，可弹出 选择油墨颜色： 对话框，如图 8.1.12 所示，在其中可以为油墨选择颜色。在此对话框中单击 颜色库 按钮，可弹出 颜色库 对话框，从中可以选择用于套印的油墨种类。

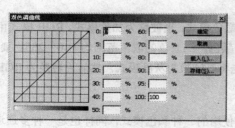

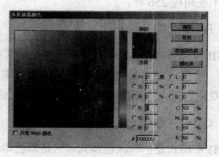

图 8.1.11　"双色调曲线"对话框　　　　　　图 8.1.12　"选择油墨颜色"对话框

在 双色调选项 对话框中单击 压印颜色(O)... 按钮，可弹出 压印颜色 对话框，如图 8.1.13 所示，从中可以设定油墨压印部分在屏幕上显示的颜色，此对话框中有 11 个颜色框，每个颜色框代表某几种油墨混合的颜色，在 双色调选项 对话框中的 类型(T): 下拉列表中选择 双色调 选项时，只有 1+2: 颜色框被激活，选择 四色调 选项时，11 个颜色框全部被激活。

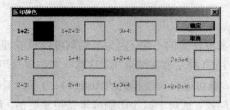

图 8.1.13 "压印颜色"对话框

设置好油墨后，在 双色调选项 对话框中单击 确定 按钮，完成双色调模式的设置。

4. 索引颜色模式

索引颜色模式中的图像也具有 8 位的最大颜色容量，即索引颜色模式的图像共有 256 种颜色。但与灰度模式不同，此模式的图像是彩色的。

由于索引颜色模式也是 8 位的颜色模式，因此将其他类型的色彩模式转换为索引模式之前，应将其模式设置为 8 位/通道。在进行转换时，如果原图像的颜色少于 256 种，选择菜单栏中的 图像(I) → 模式(M) → 索引颜色(I) 命令，不会看到明显的变化，此时图像中所有像素的颜色已经映射为一张颜色查询表；如果原图像的颜色多于 256 种，选择菜单栏中的 图像(I) → 模式(M) → 索引颜色(I)... 命令，将弹出 索引颜色 对话框，如图 8.1.14 所示。

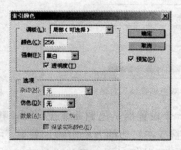

图 8.1.14 "索引颜色"对话框

由于颜色超过 256 种，转换时必须进行减色处理。在 调板(L): 下拉列表中选择不同的调色板，就有不同的减色方式和不同的用途。选择了某种调色板后，可在 颜色(C): 输入框中输入需要包含的颜色数，但不能超过 256 种。

5. RGB 模式

RGB 模式是 Photoshop 中最常用也是最常见的颜色模式，也被称为加色模式。RGB 模式由 R（红色）、G（绿色）、B（蓝色）3 种颜色混合成需要的颜色，三原色的取值范围均为 0～255。要将位图模式或双色调模式的图像转换为 RGB 模式，必须先将其转换为灰度模式，然后再转换为 RGB 模式。

6. CMYK 模式

CMYK 模式是一种减色模式。它是彩色印刷时使用的一种颜色模式，同样也是一种多通道模式，它有 4 个颜色通道，分别是青色、洋红、黄色与黑色，在印刷中代表 4 种颜色的油墨。

CMYK 模式每个通道的颜色也为 8 位，即每个像素有 32 位的颜色容量。在处理图像时，一般不采用此模式，因为这种模式文件大，会占用更多的硬盘空间与内存。此外，这种模式下，有很多滤镜都不能使用，所以编辑图像时有很大的不便，通过在印刷时才能转换成 CMYK 模式。

7．Lab 模式

Lab 颜色模式属于多通道模式，共有 3 个通道，即 L、a 和 b。其中 L 代表明亮度分量，范围在 0～100 之间；a 表示从绿色到红色的光谱变化；b 表示从蓝色到黄色的光谱变化，两者的范围都在 +120～−120 之间。

Lab 模式所包含的颜色范围最广，而且包含所有 RGB 与 CMYK 中的颜色，CMYK 模式所包括的颜色最少。Lab 模式是作为其他颜色模式之间转换时使用的中间颜色模式，如从 RGB 模式转换 CMYK 模式时，系统会先将图像转换为 Lab 颜色模式，然后再转换为 CMYK 模式。

8．多通道模式

多通道模式没有固定的通道数，通常可以由其他模式转换而来，而不同的模式将会产生不同的颜色通道及通道数，如 CMYK 模式转换为多通道模式时，将产生青色、洋红、黄色与黑色 4 个通道。而 Lab 颜色模式转换为多通道模式时，则会产生 Alpha 1，Alpha 2，Alpha 3 通道。

多通道模式下，每个通道仍为 8 位，即有 256 种灰度级别。因此在将其他模式转换为多通道模式前，应在 模式(M) 子菜单中选择颜色模式为 8 位/通道(A) 。当在 RGB，CMYK 或 Lab 颜色模式的图像中删除一个通道时，会自动将图像转换为多通道模式。

8.2 快 速 调 整

在 Photoshop CS3 中系统已经预设了一些对图像中的颜色、色阶等快速调整的命令，从而加快操作的进度。这些命令包括自动色阶、自动颜色、自动对比度、去色和反相命令，它们是一种简单的方式，只能对图像进行粗略的调整。

8.2.1 自动色阶

自动色阶命令相当于 色阶 对话框中的 自动(A) 按钮功能。使用此命令可以方便地对图像中不正常的高光或阴影区域进行初步处理，而不用通过 色阶 来实现。

当使用 图像(I) → 调整(A) → 自动色阶(A) 命令调整图像色调时，系统不弹出任何对话框，只是按照默认值来调整图像颜色的明暗度。一般情况下，这种调整是针对该图像中的所有颜色来进行，而不能只针对某一种色调来调整。如图 8.2.1 所示为应用"自动色阶"命令前后的效果对比。

图 8.2.1 应用"自动色阶"命令前后的效果对比

8.2.2　自动对比度

使用"自动对比度"命令可以自动调整图像中颜色的总体对比度。"自动对比度"的原理是将图像中最亮和最暗像素映射为白色和黑色，使暗调更暗而亮光更亮。

打开一幅图像，选择菜单栏中的 图像(I) → 自动对比度(U) 命令，或按"Alt+Shift+Ctrl+L"键就可以自动调整图像的对比度，如图 8.2.2 所示为应用"自动对比度"命令前后的效果对比。

图 8.2.2　应用"自动对比度"命令前后的效果对比

提示："自动对比度"命令不能调整颜色单一的图像，也不能单独调节颜色通道，所以不会导致色偏；但也不能消除图像已经存在的色偏，所以不会添加或减少色偏。

8.2.3　自动颜色

使用"自动颜色"命令可以自动调整图像中的色彩平衡，通过搜索图像来标识阴影、中间调和高光，从而调整图像的对比度和颜色。

打开图像后，选择菜单栏中的 图像(I) → 调整(A) → 自动颜色(O) 命令，或按"Shift+Ctrl+B"键可自动校正颜色，如图 8.2.3 所示为应用"自动颜色"命令前后的效果对比。

图 8.2.3　应用"自动颜色"命令前后的效果对比

提示："自动颜色"命令只能应用于 RGB 颜色模式的图像。

8.2.4　去色

使用"去色"命令可以将当前模式中的色彩去掉，将其变为当前模式下的灰度图像，图像仍保持原有的亮度。

选择 图像(I) → 调整(A) → 去色(D) 命令，即可将彩色图像中的色彩除掉，转换为灰度图像，如图

8.2.4 所示为应用"去色"命令前后的效果对比。

图 8.2.4 应用"去色"命令前后的效果对比

8.2.5 反相

使用"反相"命令就是将图像中的色彩根据每个像素的亮度值转换为 256 种颜色亮度的相反色，即白变黑、黑变白，类似照片底片的效果。例如，图像原亮度值为 16 像素，使用反相命令后，亮度值为 256-16=240，即以 240 像素的亮度值显示图像。

打开一幅需要反相处理的图像文件，选择 图像(I) → 调整(A) → 反相(I) 命令，或按"Ctrl+I"键，即可将图像进行反相处理，如图 8.2.5 所示为应用"反相"命令前后的效果对比。

图 8.2.5 应用"反相"命令前后的效果对比

8.3 自定义调整

所谓自定义调整功能就是通过设置对话框的参数来观察显示器中的预览变化，以达到图像的最佳效果并满足用户的需求。下面具体讲解自定义调整功能中的各个命令。

8.3.1 色阶

色阶是一个非常重要的命令，使用"色阶"命令可以调整图像的阴影、中间调和高光的强度级别，从而校正图像的色彩平衡和色调范围。

打开一幅图像，选择 图像(I) → 调整(A) → 色阶(L)... 命令，弹出 色阶 对话框，如图 8.3.1 所示。对话框中的各选项含义如下：

（1） 通道(C) ：用来选择设定调整色阶的通道。在其右侧单击 RGB 下拉按钮，弹出下拉列表如图 8.2.2 所示，可从中选择一种选项来进行颜色通道的调整。

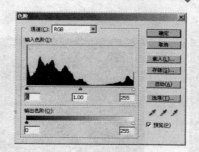

图 8.3.1 "色阶"对话框　　　　图 8.3.2 通道下拉列表

（2）**输入色阶(I)**：该选项由直方图表示，可以用作调整图像基本色调的直观参考，直方图左边代表图像的阴影区域，中间代表图像的中间调，右边代表图像的高光区域。直方图下方有 3 个滑块，可通过移动相对应的滑块来对图像的色调进行调整。

1）左边的黑色滑块用于控制图像的阴影区域，若将它向右边移动可以将图像中更多的像素变为黑色，如图 8.3.3 所示。

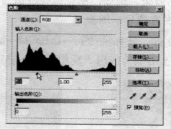

图 8.3.3　调整阴影区域

2）中间的滑块用于控制图像的中间调，将它向左移动可以使中间调变亮，如图 8.3.4 所示，向右边移动可以使中间调变暗。

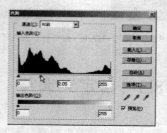

图 8.3.4　调整中间色调

3）右边的白色滑块用于控制图像的高光部分，将它向左拖动可以使图像中更多的像素变为白色，如图 8.3.5 所示。

图 8.3.5　调整高光区域

（3）输出色阶(O)：在对应的文本框中输入数值或拖动滑块来调整图像的色调范围，即可提高或降低图像的对比度。

（4）载入(L)…：单击该按钮可以载入一个色阶文件作为对当前图像的调整。

（5）存储(S)…：单击该按钮可以将当前设置的参数进行存储。

（6）自动(A)：单击该按钮可以将"暗部"和"亮部"自动调整到最暗和最亮，其作用与"自动色阶"命令相同，一般来说，自动色阶适用于简单的灰度图像和像素值比较平均的图像。如果是复杂的图像，则只有手动调整才能得到更为精确的效果。

（7）选项(T)…：单击该按钮即可弹出 自动颜色校正选项 对话框，如图 8.3.6 所示。在此对话框中可设置各种颜色校正选项。

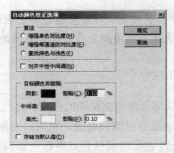

图 8.3.6　"自动颜色校正选项"对话框

（8）"设置黑场"按钮：用来设置图像中阴影的范围。选择该按钮，在图像中选取相应的点单击，单击后图像中比选取点更暗的像素颜色将会变得更深（黑色选取点除外），如图 8.3.7 所示。

图 8.3.7　设置黑场的前后效果对比

（9）"设置灰场"按钮，用来设置图像中中间调的范围。选择该按钮，在图像中选取相应的点单击，单击处颜色的亮度将成为图像的中间色调范围的平均亮度，如图 8.3.8 所示。

图 8.3.8　设置灰场的前后效果对比

（10）"设置白场"按钮，用来设置图像中高光的范围。选择该按钮，在图像中选取相应的点单击，单击后图像中比选取点更亮的像素颜色将会变得更浅（白色选取点除外），如图 8.3.9 所示。

图 8.3.9　设置白场的前后效果对比

技巧：在"设置黑场"、"设置灰场"、"设置白场"的吸管图标上双击鼠标，会弹出相对应的"拾色器"对话框，在其中可以选择不同的颜色作为最亮或最暗的色调。

8.3.2　曲线

与色阶命令相同，曲线命令可以综合地调整图像的亮度、对比度和色彩。但曲线命令不是通过定义暗调、中间区和高亮区三个变量来进行色调调整的，它可以对图像的红色（R）、绿色（G）、蓝色（B）以及 RGB 4 个通道中的 0～255 范围内的任意点进行色彩调节，从而创造出更多的色调和色彩效果。

打开一幅需要调整曲线的图像，选择菜单栏中的 图像(I) → 调整(A) → 曲线(V)... 命令，弹出 曲线 对话框，如图 8.3.10 所示。

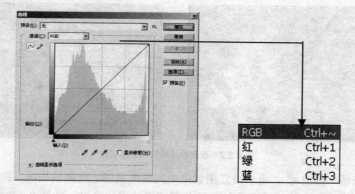

图 8.3.10　"曲线"对话框

曲线图有水平轴和垂直轴之分，水平轴表示图像原来的亮度值；垂直轴表示新的亮度值。水平轴和垂直轴之间的关系可以通过调节对角线（曲线）来控制。

（1）曲线右上角的控制点向左移动，增加图像亮部的对比度，并使图像变亮（控制点向下移动，所得效果相反）。曲线左下角的控制点向左移动，增加图像暗部的对比度，使图像变暗（控制点向上移动，所得效果相反）。

（2）使用调节点可以控制对角线的中间部分（用鼠标在曲线上单击，可以增加节点）。曲线斜度即表示灰度系数，此外，也可以通过在 输入: 和 输出: 输入框中输入数值来控制。

（3）要调整图像的中间调，且在调节时不影响图像亮部和暗部的效果，可先用鼠标在曲线的 1/4 和 3/4 处增加调节点，然后对中间调进行调整。

（4）要得到图像中某个区域的像素值，可以先选择某个颜色通道，将鼠标放在图像中要调节的区域，按住鼠标左键稍微移动鼠标，这时曲线图上会出现一个圆圈，在 输入: 和 输出: 输入框中就会显示出鼠标所在区域的像素值。

调节曲线形状的按钮有两个："曲线工具"按钮 和"铅笔工具"按钮 。选择曲线工具后，将鼠标移至曲线上，指针会变成一个十字形，此时按住鼠标左键并拖动即可改变曲线，释放鼠标，该点将会被锁定，再移动曲线，锁定点不会被移动。单击锁定点并按住鼠标左键将其拖至曲线框范围外即可删除锁定点。选择铅笔工具后，在曲线框内移动鼠标就可以绘制曲线，即改变曲线的形状。

对于 RGB 模式的图像，其曲线显示的亮度值范围在 0～255 之间，左面代表图像的暗部（最左边值为 0，即黑色）；右面代表图像的亮部（最右边值为 255，即白色）。曲线图中的方格相当于坐标，每个方格代表 64 个像素。

如图 8.3.11 所示为应用"曲线"命令前后的效果对比。

图 8.3.11　应用"曲线"命令前后的效果对比

8.3.3　渐变映射

使用"渐变映射"命令可以将图像中的最暗色调对应为某一渐变色的最暗色调，将图像中的最亮色调对应为某一渐变色的最亮色调，从而将整个图像的色阶映射为渐变的所有色阶。调整图像时，系统会先将图像转换为灰度，然后再用指定的渐变色替换图像中的灰度，从而达到改变颜色的目的。

打开一幅图像，选择菜单栏中的 图像(I) → 调整(A) → 渐变映射(G)... 命令，弹出 渐变映射 对话框，如图 8.3.12 所示。

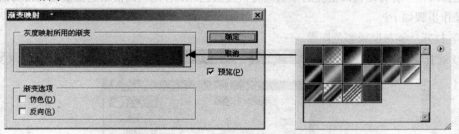

图 8.3.12　"渐变映射"对话框

对话框中各选项的含义如下：

（1）"灰度映射所用的渐变"颜色条 ：单击渐变颜色条右边的三角按钮，在打开的选项中可以选择系统预设的渐变类型，作为映射的渐变色；也可单击渐变颜色条，弹出 渐变编辑器 对话框，在其中可设置自己喜欢的渐变颜色，如图 8.3.13 所示。

（2）选中 仿色(D) 复选框，可以使图像产生抖动的效果。

（3）选中 反向(R) 复选框，可以使图像中各像素的颜色变成与其对应的补色。

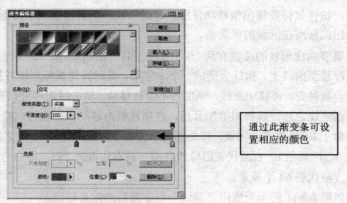

通过此渐变条可设置相应的颜色

图 8.3.13　"渐变编辑器"对话框

如图 8.3.14 所示为应用"渐变映射"命令前后的效果对比。

图 8.3.14　应用"渐变映射"命令前后的效果对比

8.3.4　阈值

利用"阈值"命令可以将一个灰度或彩色图像转换为高对比度的黑白图像。此命令可以将一定的色阶指定为阈值，所有比该阈值亮的像素被转换为白色，所有比该阈值暗的像素被转换为黑色。应用阈值的操作步骤如下：

（1）打开一幅灰度或彩色图像。

（2）选择菜单栏中的 图像(I) → 调整(A) → 阈值(T)... 命令，弹出 阈值 对话框，如图 8.3.15 所示。

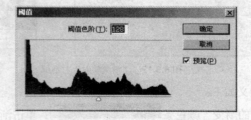

图 8.3.15　"阈值"对话框

（3）在 阈值色阶(T): 输入框中输入数值，可改变阈值色阶的大小，其范围在 1～255 之间。输入的数值越大，黑色像素分布越广；输入的数值越小，白色像素分布越广。

（4）设置好参数后，单击 确定 按钮，应用阈值前后的效果对比如图 8.3.16 所示。

图 8.3.16 应用"阈值"命令前后的效果对比

8.3.5 色调分离

色调分离与阈值命令比较相似，使用它可以制作大的单色调区域的效果或一些特殊的效果，也可定义出更多的色阶，因而也能创建出更多的色彩变化效果。

打开一幅图像，选择菜单栏中的 图像(I) → 调整(A) → 色调分离(P)... 命令，弹出"色调分离"对话框，如图 8.3.17 所示，

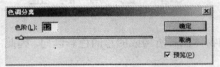

图 8.3.17 "色调分离"对话框

在 色阶(L): 文本框中输入数值来控制图像色彩变化的程度。输入数值范围是 0～255，输入的数值越小，图像色彩变化越明显；反之色调变化越轻微。

如图 8.3.18 所示为应用"色调分离"命令前后的效果对比。

图 8.3.18 应用"色调分离"命令前后的效果对比

8.3.6 亮度/对比度

利用"亮度/对比度"命令可以一次性对整幅图像的亮度和对比度进行调整。另外，该命令对单一的通道不起作用，所以该调整命令不适合用于高精度输出图像。

打开一幅图像，选择菜单栏中的 图像(I) → 调整(A) → 亮度/对比度(C)... 命令，弹出"亮度/对比度"对话框，如图 8.3.19 所示。

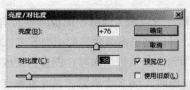

图 8.3.19 "亮度/对比度"对话框

在 亮度(B): 文本框中输入数值，可以设置图像的明暗程度。

在 对比度(C): 文本框中输入数值，可设置图像的亮部与暗部的对比度，输入的数值越大，图像的对比度越强。

如图 8.3.20 所示为设置 亮度(B): 和 对比度(C): 分别为 76 和-38 时的前后效果对比。

图 8.3.20 应用"亮度/对比度"命令前后的效果对比

8.4 色 调 调 整

色调是指在一组静物中的物体色彩所构成的总的色彩倾向。因此，图像色调的调整将直接影响到整体视觉效果。

8.4.1 色相/饱和度

使用"色相/饱和度"命令可以调整整个图像或图像中单个颜色的色相、饱和度和亮度。

选择 图像(I) ➞ 调整(A) ➞ 色相/饱和度(H)... 命令，弹出"色相/饱和度"对话框，如图 8.4.1 所示。

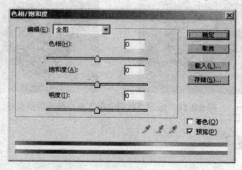

图 8.4.1 "色相/饱和度"对话框

在 编辑(E): 下拉列表中可以选择要进行调整的颜色范围。

在 色相(H): 文本框中输入数值，可以调整图像的颜色，在对话框最底部颜色控制条上显示其变化效果。

在 饱和度(A): 文本框中输入数值，可以增大或减小图像颜色的饱和度，取值范围为−100～100。

在 明度(I): 文本框中输入数值，可以调整图像颜色的明亮程度，取值范围为−100～100。当输入的数值最小时，图像将变成黑色；当输入的数值最大时，图像将变成白色。

：在编辑框中选择单色时，这 3 个吸管工具才被激活。单击 按钮，可选择具体的颜色作为色彩变化的范围；单击 按钮可增加颜色范围；单击 按钮可在现有的色彩变化范围中减去当前单击的颜色范围。

选中 着色(O) 复选框，可以给灰度图像添加不同程度的单色。

如图 8.4.2 所示为对全图应用"色相/饱和度"命令前后的效果对比。

图 8.4.2　应用"色相/饱和度"前后的效果对比

8.4.2　通道混合器

使用"通道混合器"命令可以调整某一个通道中的颜色成分，可以将每一个通道的颜色理解成是由青色、洋红、黄色、黑色 4 种颜色调配出来的。而且默认情况下每一个通道中添加的颜色只有 1 种，即通道所对应的颜色。

选择菜单栏中的 图像(I) → 调整(A) → 通道混合器(X)... 命令，弹出 通道混和器 对话框，如图 8.4.3 所示。

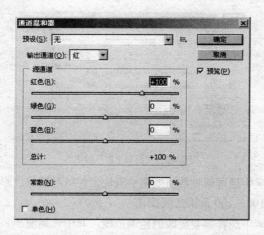

图 8.4.3　"通道混合器"对话框

在 输出通道(O)： 下拉列表中可选择一个通道。当图像为 RGB 模式时，在此下拉列表中有 3 个通道，即红、绿、蓝；当所需要调整的图像模式为 CMYK 时，此下拉列表中有 4 个通道，即青色、洋红色、黄色、黑色。

在 源通道 选项区中可设置其中一个通道的参数，向左拖动滑块，可减少源通道在输出通道中所占的百分比，向右拖动滑块，效果则相反。

拖动 常数(N)： 滑块，改变常量值，可在输出通道中加入一个透明的通道。当然，透明度可以通过滑块或数值调整，负值时为黑色通道，正值时为白色通道。

若选中 单色(H) 复选框，则可对所有输出通道应用相同的设置，创建出灰阶的图像。

如图 8.4.4 所示为应用"通道混合器"命令前后的效果对比。

图 8.4.4 应用"通道混合器"命令前后的效果对比

8.4.3 色彩平衡

使用"色彩平衡"命令能粗略地进行图像的色彩校正，简单地调整图像暗调区、中间调区和高光区的各色彩成分，使混合色彩达到平衡效果，但不能精确控制单个颜色成分，只能作用于复合颜色通道中。

使用色彩平衡命令调整图像，具体的操作方法如下：

（1）打开一幅需要调整色彩平衡的图像。

（2）选择菜单栏中的 图像(I) ➡ 调整(A) ➡ 色彩平衡(B)... 命令，弹出 色彩平衡 对话框，如图 8.4.5 所示。

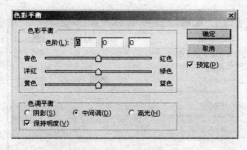

图 8.4.5 "色彩平衡"对话框

（3）在 色彩平衡 选项区中通过调整数值或拖动滑块，便可对图像色彩进行调整。同时，色阶(L)：3 个输入框中的数值将在-100～100 范围之间变化。

（4）在 色调平衡 选项区中选择需要更改的色调范围，其中包括阴影、中间调和高光选项。

（5）选中 ☑ 保持明度(V) 复选框，可保持图像中的色彩平衡。将色彩调整到满意效果后，单击 确定 按钮即可。如图 8.4.6 所示为应用"色彩平衡"命令前后的效果对比。

图 8.4.6 应用"色彩平衡"命令前后的效果对比

8.4.4 黑白

使用"黑白"命令可以将图像调整为具有艺术感的黑白效果，也可以调整为不同单色的艺术效果。选择菜单栏中的 图像(I) → 调整(A) → 黑白(K)... 命令，弹出黑白对话框，如图 8.4.7 所示。

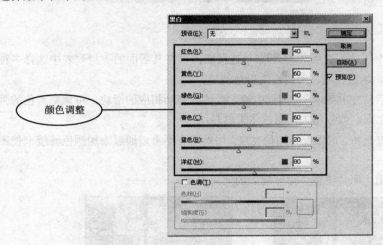

图 8.4.7 "黑白"对话框

对话框中各选项的含义如下：

（1）颜色调整：包括对红色、黄色、绿色、青色、蓝色和洋红色的调整，可以在文本框中输入数值，也可以直接拖到控制滑块来调整颜色。

（2）☑ 色调(T)：选中该复选框，可以激活"色相"和"饱和度"来制作其他单色效果。

（3） 自动(A) ：单击该按钮，系统会自动通过计算对图像进行最佳状态的调整，对于初学者来说，利用该按钮可以完成调整效果，非常方便。

如图 8.4.8 所示为应用"黑白"命令前后的效果对比。

图 8.4.8 应用"黑白"命令前后的效果对比

8.4.5 照片滤镜

照片滤镜功能支持多款数码相机的 raw 图像格式，可以使用户得到更真实的图像输入。通过模仿传统相机滤镜效果处理，获得各种丰富的效果。

打开需要调整的照片，选择菜单栏中的 图像(I) → 调整(A) → 照片滤镜(F)... 命令，弹出照片滤镜对话框，如图 8.4.9 所示。

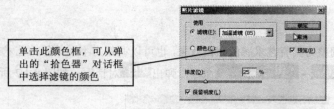

单击此颜色框，可从弹出的"拾色器"对话框中选择滤镜的颜色

图 8.4.9　"照片滤镜"对话框

在 **使用** 选项区中有两个选项，选中 ⊙ **滤镜(F)**: 单选按钮，可在其后面的下拉列表中选择多种预设的滤镜效果；选中 ⊙ **颜色(C)**: 单选按钮，可自定义颜色滤镜。

设置好"使用"选项后，在 **浓度(D)**: 输入框中输入数值或拖动相应的滑块，可调整着色的强度。其取值范围在 1%～100% 之间，数值越大，滤色效果越强。

选中 ☑ **保留明度(L)** 复选框，可以保持图像亮度。如果用户不希望通过添加颜色滤镜来使图像变暗，则可不选中此复选框。

如图 8.4.10 所示为应用"照片滤镜"命令前后的效果对比。

图 8.4.10　应用"照片滤镜"命令前后的效果对比

8.4.6　变化

"变化"命令通过显示替代物的缩览图来综合调整图像的色彩平衡、对比度和饱和度。此命令对于不需要精确调整颜色的平均色调图像最为有用，但不适用于索引颜色图像或 16 位/通道的图像。

选择菜单栏中的 **图像(I)** → **调整(A)** → **变化(N)...** 命令，弹出 **变化** 对话框，如图 8.4.11 所示。

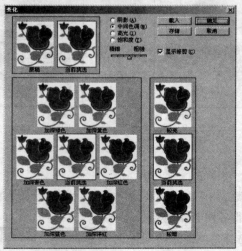

图 8.4.11　"变化"对话框

在"变化"对话框中，左上角有两个缩略图窗口，一个是原图，它显示原图像的效果；另一个是当前挑选，用于显示当前调整图像的整体效果。左侧还有 7 个缩略图窗口，单击其相应颜色的缩略图可更改图像的颜色。右侧有 3 个缩略图窗口，其中一个是当前挑选，显示了当前调整的图像明暗度，单击其他相应的缩略图窗口可更改图像的明度和暗度。

选中 **阴影(A)**、 **中间色调(M)** 和 **高光(I)** 3 个单选按钮可以分别调整图像的暗调、中间调和高光的区域。

选中 **饱和度(T)** 单选按钮，可以调整图像的饱和度。

选中 **显示修剪(C)** 复选框，可以显示图像的溢色区域，从而避免调整后出现溢色的现象。

如图 8.4.12 所示为应用"变化"命令前后的效果对比。

图 8.4.12 应用"变化"命令前后的效果对比

提示： 在 **变化** 对话框中设置"调整范围"为 **中间色调(M)** 时，即使选中 **显示修剪(C)** 复选框，也不会显示无法调整的区域。

8.4.7 可选颜色

"可选颜色"命令是高端扫描仪和分色程序使用的一种技术，用于在图像中的每个主要原色成分中更改印刷色数量，用户可以有选择地修改任何主要颜色中的印刷色数量而不会影响其他主要颜色，此命令主要利用 CMYK 颜色来对图像的颜色进行调整。

选择菜单栏中的 **图像(I)** → **调整(A)** → **可选颜色(S)...** 命令，弹出 **可选颜色** 对话框，如图 8.4.13 所示。

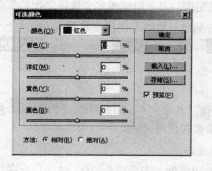 

图 8.4.13 "可选颜色"对话框

对话框中各选项含义如下：

（1） **颜色(O)**：该选项区用于设置需要调整的颜色，单击其右侧的下拉按钮 **▼**，弹出颜色下拉列表，其中包括红色、黄色、绿色、青色、蓝色、洋红、白色、中性色和黑色。

（2）分别在 青色(C): 、洋红(M): 、黄色(Y): 和 黑色(B): 右侧的文本框中输入数值或拖动其下方的滑块，可以增加或减少所选颜色中的像素。

（3） 方法: 该选项用于设置图像中颜色的调整是相对于原图像调整，还是使用调整后的颜色覆盖原图。

    1）选中 ⊙ 相对(R) 单选按钮，表示按照总量的百分比更换现有的青色、洋红、黄色或黑色的量。

    2）选中 ⊙ 绝对(A) 单选按钮，表示采用绝对值调整颜色。

如图 8.4.14 所示为应用"可选颜色"前后的效果对比。

图 8.4.14　应用"可选颜色"命令前后的效果对比

技巧："可选颜色"命令主要用于微调颜色，从而进行增减所用颜色的油墨百分比，在"信息"面板的弹出菜单中选择"调板选项"命令，将"模式"设置为"油墨总量"，将吸管移到图像便可以查看油墨的总体百分比。

8.5　其　他　调　整

应用 Photoshop CS3 软件提供的其他调整功能可以作为色调调整和自定义调整的一个补充。

8.5.1　匹配颜色

使用"匹配颜色"命令可以匹配不同图像、多个图层或多个选区之间的颜色，将其保持一致。当一个图像中的某些颜色与另一个图像中的颜色一致时，作用非常明显。

选择菜单栏中的 图像(I) → 调整(A) → 匹配颜色(M)... 命令，弹出 匹配颜色 对话框，如图 8.5.1 所示。

对话框中各选项的含义如下：

（1） 目标图像: 当前打开的工作图像，其中的 ☑ 应用调整时忽略选区(I) 复选框指的是在调整图像时会忽略当前选区的存在，只对整个图像起作用。

（2） 图像选项: 调整被匹配图像的选项。

    1） 明亮度(L): 控制当前目标图像的明暗度。当数值为 100 时，目标图像将会与源图像拥有一样的亮度。当数值变小时图像会变暗；当数值变大时图像会变亮，其最大值为 200，最小值为 1。

    2） 颜色强度(C): 控制当前目标图像的饱和度，数值越大，饱和度越强，其最大值为 200，最小值为 1（灰度图像），默认值为 100。

图 8.5.1 "匹配颜色"对话框

3）**渐隐(E)**：控制当前目标图像的调整强度，数值越大调整的强度越弱。

4）**☑ 中和(N)**：选中此复选框，可消除图像中的色偏。

（3）**图像统计**：设置匹配与被匹配的选项设置。

1）**☑ 使用源选区计算颜色(R)**：如果在源图像中存在选区，选中此复选框，可使用源图像选区中的颜色计算调整；否则，会使用整个图像进行匹配。

2）**☑ 使用目标选区计算调整(T)**：如果在目标图像中存在选区，选中此复选框，可以对目标选区进行计算调整。

3）**源(S)**：在下拉菜单中可以选择用来与目标匹配的源图像。

4）**图层(A)**：用来选择匹配图像的图层。

5）**载入统计数据(O)...**：单击此按钮，可以打开"载入"对话框，找到已存在的调整文件。此时，无需在 Photoshop 中打开源图像文件，就可以对目标文件进行匹配。

6）**存储统计数据(V)...**：单击此按钮，可以将设置完成的当前文件进行保存。

下面举例说明"匹配颜色"命令的使用方法。

（1）按"Ctrl+O"快捷键，打开"花 1"和"花 2"两幅图像，如图 8.5.2 和图 8.5.3 所示。

图 8.5.2 花 1

图 8.5.3 花 2

（2）选择"花 1"图像为当前可编辑图像，选择菜单栏中的 **图像(I)** → **调整(A)** → **匹配颜色(M)...** 命令，弹出 **匹配颜色** 对话框，从 **源(S)** 下拉列表中选择"花 2"图像，再调整 **图像选项** 选项区中的亮度、颜色强度、渐隐各项参数，如图 8.5.4 所示。

（3）设置好参数后，单击 **确定** 按钮，即可按指定的参数使源图像和目标图像的颜色匹配，效果如图 8.5.5 所示。

图 8.5.4　"匹配颜色"对话框

图 8.5.5　匹配后效果

8.5.2　替换颜色

使用"替换颜色"命令可以将图像中的某种颜色提出并替换成另外的颜色，其原理是在图像中基于一种特定的颜色创建一个临时蒙版，然后替换图像中的特定颜色。

选择菜单栏中的 图像(I) → 调整(A) → 替换颜色(R)... 命令，弹出 替换颜色 对话框，如图 8.5.6 所示。

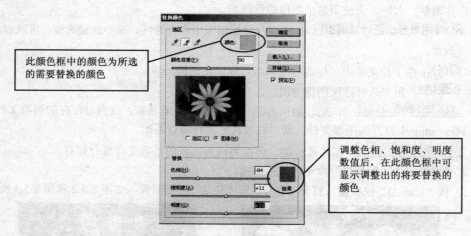

图 8.5.6　"替换颜色"对话框

对话框中各选项含义如下：

（1）选区：该选项区用于设置图像中将被替换颜色的图像范围。

1）吸管工具：选择该工具，在图像或对话框中的预览框中单击可以选择由蒙版显示的区域。

2）添加到取样吸管工具：按住"Shift"键的同时选择该工具，在图像或对话框中的预览框中单击可以添加选取的区域。

3）从取样中减去吸管工具：按住"Alt"键的同时选择该工具，在图像或对话框中的预览框中单击可以减去选取的区域。

4）单击颜色色块可更改选区的颜色，即要替换的目标颜色。

5）在 颜色容差(F)：文本框中输入数值或拖动颜色容差滑块可以调整蒙版的容差，此滑块用于控制颜色的选取范围。

6）选中 选区(C) 单选按钮，可以在预览框中显示蒙版。蒙版区域是黑色，未蒙版区域是白色。

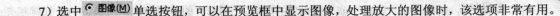

7）选中 图像(M) 单选按钮，可以在预览框中显示图像，处理放大的图像时，该选项非常有用。

（2）替换：该选项区用于调整替换后图像颜色的色相、饱和度和明度。

1）色相(H)：在其文本框中输入数值或拖动其下方滑杆上的滑块，可以调整替换后图像的色相。

2）饱和度(A)：在其文本框中输入数值或拖动其下方滑杆上的滑块，可以调整替换后图像的饱和度。

3）明度(G)：在其文本框中输入数值或拖动其下方滑杆上的滑块，可以调整替换后图像的亮度。

4）单击结果色块 可更改替换后的颜色。

如图 8.5.7 所示为应用"替换颜色"命令前后的效果对比。

图 8.5.7　应用"替换颜色"命令前后的效果对比

8.5.3　阴影/高光

使用"阴影/高光"命令主要是修整在强背光条件下拍摄的照片，不仅可以简单地将图像变亮或变暗，还可以通过运算对图像的局部进行明暗处理。

选择菜单栏中的 图像(I) → 调整 (A) → 阴影/高光 (W)... 命令，弹出 阴影/高光 对话框，如图 8.5.8 所示。

对话框中的各选项含义如下：

（1）阴影：用来设置暗部在图像中所占的数量多少，数值越大，图像越亮。

（2）高光：用来设置亮部在图像中所占的数量多少，数值越大，图像越暗。

（3）☑ 显示更多选项(O)：选中此复选框，可显示 阴影/高光 对话框的详细内容，如图 8.5.9 所示。在此对话框中可以进行更精确的调整。

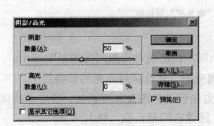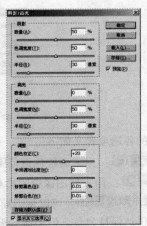

图 8.5.8　"阴影/高光"对话框　　　　　图 8.5.9　扩展后的"阴影/高光"对话框

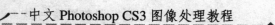

1）**数量(A)**：用来调整"阴影"或"高光"的浓度。"阴影"的数量越大，图像上的暗部就越亮；"高光"的数量越大，图像上的亮部就越暗。

2）**色调宽度(T)**：用来调整"阴影"或"高光"的色调范围。"阴影"的色调宽度数值越小，调整的范围就越集中于暗部；"高光"的色调宽度数值越小，调整的范围就越集中于亮部。当"阴影"或"高光"的值太大时，也可能会出现色晕。

3）**半径(R)**：用来调整每个像素周围的局部相邻像素的大小，相邻像素用来确定像素是在"阴影"还是在"高光"中。通过调整"半径"值，可获得焦点对比度与背景相比的焦点级差加亮（或变暗）之间的最佳平衡。

4）**颜色校正(C)**：用来校正图像中已做调整的区域色彩，数值越大，色彩饱和度越高；数值越小，色彩饱和度就越低。

5）**中间调对比度(M)**：用来校正图像中中间调的对比度，数值越大，对比度越高；数值越小，对比度就越低。

6）**修剪黑色(B)/修剪白色(W)**：用来设置在图像中会将多少阴影或高光剪切到新的极端阴影（色阶为 0）和高光（色阶为 255）颜色。数值越大，生成图像的对比度越强，但会丢失图像细节。

如图 8.5.10 所示为应用"阴影/高光"命令前后的效果对比。

图 8.5.10 应用"阴影/高光"命令前后的效果对比

8.5.4 曝光度

使用"曝光度"命令可以调整 HDR 图像的色调，也可以用于调整 8 位和 16 位图像，可以对曝光不足或曝光过度的图像进行调整。

选择菜单栏中的 **图像(I)** → **调整(A)** → **曝光度(E)...** 命令，弹出 **曝光度** 对话框，如图 8.5.11 所示。

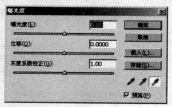

图 8.5.11 "曝光度"对话框

对话框中的各选项含义如下：

（1）**曝光度(E)**：用来调整色调范围的高光端，此选项对极限阴影的影响很小。

（2）**位移(O)**：用来使图像中阴影和中间调变暗，此选项对高光的影响很小。

（3）**灰度系数校正(G)**：可以使用简单的乘方函数调整图像灰度系数。负值会被视为它们的相应正值（这些值仍然保持为负，但仍然会被调整，就像它们是正值一样）。

（4）：该组按钮可用于调整图像的亮度值。从左至右分别为"设置黑场"吸管工具 、"设置灰场"吸管工具 和"设置白场"吸管工具 ，在此就不多讲解。

如图 8.5.12 所示为应用"曝光度"命令前后的效果对比。

图 8.5.12 应用"曝光度"命令前后的效果对比

8.5.5 色调均化

使用"色调均化"命令可以重新分布图像中像素的亮度值，使其更均匀地表现所有范围的亮度级别，将图像中最亮的像素转换为白色，图像中最暗的像素转换为黑色，而中间的值则均匀地分布在整个灰度中。

"色调均化"命令可以针对整个图像，也可以是图像的某一部分。如果是整个图像，使用该命令后不会出现对话框，系统会自动对图像进行色调均化处理；如果要对图像的某一部分进行处理，应先创建某区域的选区，然后执行此操作命令。

下面以图像的某一部分为例对色调均化命令进行讲解：

（1）打开一幅图像，单击工具箱中的"椭圆选框工具"按钮 ，在图像中创建如图 8.5.13 所示的椭圆选区。

（2）选择菜单栏中的 图像(I) → 调整(A) → 色调均化(Q) 命令，弹出 色调均化 对话框，如图 8.5.14 所示。

其中：

● 仅色调均化所选区域(S)：选中此单选按钮，只对选区内的图像进行色调均化调整。

● 基于所选区域色调均化整个图像(E)：选中此单选按钮，将以选区内图像的最亮和最暗像素为基准使整幅图像色调平均化。

（3）这里选择 ● 仅色调均化所选区域(S) 单选按钮，单击 确定 按钮，即可对选区内的图像进行色调均化处理，如图 8.5.15 所示。

图 8.5.13 创建的选区　　　图 8.5.14 "色调均化"对话框　　　图 8.5.15 色调均化后的效果图

8.6 典型实例——数码照片处理

本节综合运用前面所学的知识处理数码照片，最终效果如图 8.6.1 所示。

图 8.6.1 最终效果

操作步骤

（1）按"Ctrl+O"键，打开一幅偏色的小猫图像，如图 8.6.2 所示。

（2）选择菜单栏中的 图像(I) → 调整(A) → 照片滤镜(F)... 命令，弹出 照片滤镜 对话框，设置参数如图 8.6.3 所示。

图 8.6.2 打开的偏色小猫图像

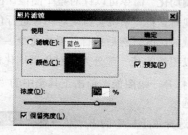

图 8.6.3 "照片滤镜"对话框

（3）单击 确定 按钮，再单击工具箱中的"套索工具"按钮 ，在属性栏中单击"添加到选区"按钮 ，在图像中创建小猫的五官部位的选区，如图 8.6.4 所示。

（4）按"Ctrl+J"键将选区中的图像复制并粘贴到一个新图层中，即自动生成图层 1，如图 8.6.5 所示。

图 8.6.4 选择小猫的五官

图 8.6.5 拷贝创建的新图层

（5）选择背景图层，然后选择菜单栏中的 图像(I) → 调整(A) → 色阶(L)... 命令，弹出 色阶 对话框，设置参数如图 8.6.6 所示。

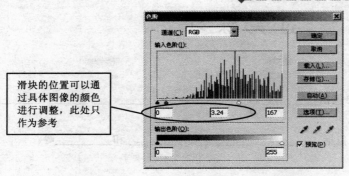

滑块的位置可以通过具体图像的颜色进行调整，此处只作为参考

图 8.6.6 "色阶"对话框

（6）单击 **确定** 按钮，效果如图 8.6.7 所示。

（7）选择图层 1，将该层的混合模式设置为柔光，选择菜单栏中的 **图像(I)** → **调整(A)** → **色相/饱和度(H)…** 命令，弹出 **色相/饱和度** 对话框，设置参数如图 8.6.8 所示。

图 8.6.7 调整色阶后的效果

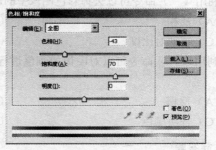

图 8.6.8 "色相/饱和度"对话框

（8）单击 **确定** 按钮，图像效果如图 8.6.9 所示。

图 8.6.9 调整色相/饱和度后的效果

（9）单击工具箱中的"橡皮擦工具"按钮 ，在属性栏中设置好画笔大小和其他选项参数，将图层 1 中小猫五官多余的部分擦除，最终效果如图 8.6.1 所示。

本 章 小 结

本章主要介绍了图像色彩与色调调整等相关知识，通过本章的学习，用户可以了解 Photoshop 中图像颜色的调配，并学会使用这些命令对图像进行色相、饱和度、对比度和亮度的调整，从而制作出形态万千、魅力无穷的艺术作品。

过 关 练 习

一、填空题

1. 图像色彩调整命令主要包括＿＿＿＿＿、＿＿＿＿＿、＿＿＿＿＿、＿＿＿＿＿、＿＿＿＿＿和
＿＿＿＿＿等。

2. 图像色调调整命令主要包括＿＿＿＿＿、＿＿＿＿＿、＿＿＿＿＿和＿＿＿＿＿等。

二、选择题

1. 利用（　）命令可将一个灰度或彩色的图像转换为高对比度的黑白图像。

（A）色阶 　　　　　　　　　　（B）阈值

（C）色调分离 　　　　　　　　（D）色调均化

2. 利用（　）命令可以去掉彩色图像中的所有颜色值，将其转换为相同色彩模式的灰度图像。

（A）反相 　　　　　　　　　　（B）去色

（C）自动对比度 　　　　　　　（D）替换颜色

3. 利用（　）命令可以对图像的颜色进行反相处理，以原图像的补色显示，常用于制作胶片
效果。

（A）反相 　　　　　　　　　　（B）去色

（C）替换颜色 　　　　　　　　（D）阴影/高光

三、简答题

在 Photoshop CS3 中，常用的色彩模式有哪几种？

四、上机操作题

练习使用"色相/饱和度"命令为一幅灰度图像添加颜色，效果如题图 8.1 所示。

原图 　　　　　　　　　　　　　　　　　　效果图

题图　8.1

第9章 通道与蒙版的使用

>>>

章前导航

通道与蒙版是 Photoshop CS3 图像处理的重要工具。Photoshop 中的所有颜色都是由若干个通道来表示的，通道可以保存图像中所有的颜色信息，而蒙版技术的使用则使修改图像和创建复杂的选区变得更加方便。本章主要介绍通道与蒙版的强大功能。

本章要点

➡ 通道的基本概念

➡ 通道面板

➡ 分离与合并通道

➡ 应用图像与计算

➡ 蒙版的概念

➡ 蒙版的应用

9.1 通道的基本概念

在 Photoshop 中所有的颜色都是由若干个通道来表示的，用户可以利用通道来记录组成图像的原色信息，也可以利用通道来保存图像中的选区和创建蒙版。

9.1.1 通道的概念

通道最主要的功能是保存图像的颜色信息。Photoshop CS3 中的图像都具有一个或多个通道，每个通道都存放着图像中颜色元素的信息。一幅图像最多能有 56 个通道。在默认情况下，位图模式、灰度模式、双色调模式和索引颜色模式的图像只有 1 个通道；RGB 和 Lab 模式的图像有 3 个通道；而 CMYK 模式的图像有 4 个通道。因此，在 Photoshop CS3 的通道面板中，显示的颜色通道与打开的图像文件格式有关。如图 9.1.1 所示的为 RGB 模式图像的通道面板和 CMYK 模式图像的通道面板。

RGB 模式　　　　　　　　　　　　　CMYK 模式

图 9.1.1　不同色彩模式图像的通道面板

由图 9.1.1 可以看出，RGB 模式的图像文件包含有红、绿和蓝 3 个颜色通道和 1 个 RGB 复合通道；CMYK 模式的图像文件包含有青色、洋红、黄色以及黑色 4 个颜色通道和 1 个 CMYK 复合通道。

9.1.2 通道的分类

在 Photoshop CS3 中，通道可以分为 3 类，分别是颜色通道、Alpha 通道和专色通道。

1. 颜色通道

在 Photoshop 中图像像素点的色彩是通过各种色彩模式中的色彩信息进行描述的，所有的像素点包含的色彩信息组成了一个颜色通道。例如，一幅 RGB 模式的图像有 3 个颜色通道，其中 R（红色）通道中的像素点是由图像中所有像素点的红色信息组成的，同样 G（绿色）通道和 B（蓝色）通道中的像素点分别是由所有像素点中的绿色信息和蓝色信息组成的。这些颜色通道的不同信息搭配组成了图像中的不同色彩。

2. Alpha 通道

Alpha 通道是 Photoshop CS3 中的常用通道。许多 Photoshop 特殊效果的制作，都要使用 Alpha 通道，用它保存图像中的选区时不会影响图像的显示和印刷效果。

Alpha 通道与图层看起来相似，但区别却非常大。Alpha 通道可以随意地增减，这一点类似于图层，但 Alpha 通道不是用来存储图像而是用来保存选区的。在 Alpha 通道中，黑色表示非选区，白色表示选区，不同层次的灰度则表示该区域被选取的百分比。

3. 专色通道

专色通道可以使用颜色来绘制图像（除了青、黄、品红、黑以外的颜色均可使用），是一种特殊的颜色通道。它主要用于辅助印刷，是用一种特殊的混合油墨来代替或补充印刷色的预混合油墨，每种专色在复印时都要求有专用的印版，使用专色油墨叠印出的图像通常要比四色叠印出的更平整，颜色更鲜艳。如果在 Photoshop 中要将专色应用于特定的区域，则必须使用专色通道，它能够用来预览或增加图像中的专色。

9.2　通　道　面　板

用户可通过通道面板来显示通道和对通道进行一些基本的编辑操作，例如创建新通道、复制通道、删除通道、分离和合并通道等。另外在对通道进行操作时，还可以对各原色通道进行明暗度、对比度的调整，甚至可以单独对单一原色通道执行滤镜功能，这样可以合成许多特殊的图像效果。在默认的情况下，通道面板显示在窗口的最右侧，如图 9.2.1 所示，也可以选择 窗口(W) → 路径 命令，打开通道面板。

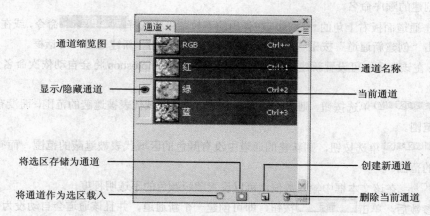

图 9.2.1　通道面板

下面主要介绍通道面板的各个组成部分及其功能：

　　：单击此按钮，可以将通道作为选区载入到图像中，也可以按住"Ctrl"键在面板中单击需要载入选区的通道来载入通道选区。

　　：单击此按钮，可将当前的选区存储为通道，存储后的通道将显示在"通道"面板中。

　　：单击此按钮，可创建新的通道，如果在按住"Alt"键的同时单击该按钮，则可以在弹出的对话框中设置新建通道的参数；如果在按住"Ctrl"键的同时单击该按钮，则可以创建新的专色通道。

　　：单击此按钮，可删除当前所选的通道。

　　：此眼睛图标表示当前通道是否可见。隐藏该图标，表示该通道为不可见状态；显示该图标，则表示该通道为可见状态。

单击"通道"面板右上角的 按钮，可弹出如图 9.2.2 所示的通道面板菜单，其中包含了有关对通道的操作命令。此外，用户可以选择通道面板菜单中的 调板选项... 命令，在弹出的"通道调板选

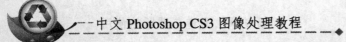

项"对话框（见图 9.2.3）中调整每个通道缩览图的大小。

图 9.2.2　通道面板菜单　　　　　图 9.2.3　"通道调板选项"对话框

注意：在编辑通道的过程中，用户不要轻易地修改原色通道，如果必须要修改，最好将原色通道进行复制，然后在其副本上进行修改。

9.2.1　新建 Alpha 通道

在一般的情况下，用户创建的新通道是指 Alpha 通道。具体的创建方法有以下两种：

（1）单击通道面板底部的"创建新通道"按钮 ，即可创建一个新通道，系统将会自动把新通道按它被创建的顺序命名。

（2）单击通道面板右上角的 三 按钮，在弹出的下拉菜单中选择 新建通道 命令，或在按住"Alt"键的同时单击"创建新通道"按钮 ，打开如图 9.2.4 所示的"新建通道"对话框。

名称(N)：在该选项中可设置新建通道的名称，若不输入则 Photoshop 将会自动依次命名为 Alpha1，Alpha2 等。

选中 被蒙版区域(M) 单选按钮，则新建的通道中有颜色的区域代表被遮蔽的范围，而没有颜色的区域为被选取范围。

选中 所选区域(S) 单选按钮，则新建的通道中没有颜色的区域代表被遮蔽的范围，而有颜色的区域则为选取的范围。

不透明度(O)：在该文本框中输入数值，可以设置蒙版颜色的不透明程度。

设置完参数后，单击 确定 按钮，即可创建一个新通道，并且该通道会自动设为当前通道，如图 9.2.5 所示。

图 9.2.4　"新建通道"对话框　　　　　图 9.2.5　通道面板

9.2.2　复制通道

用户在进行图像处理时，有时要对某一颜色通道进行多种处理，以获得不同的效果，或者把一个图像的通道应用到另外的图像中去，此时就需要进行通道的复制。复制通道时不仅可以在同一图像内复制，还可在不同的图像之间复制。具体的复制方法有以下两种：

（1）选中要复制的通道，单击鼠标左键将它拖动到通道面板底部的"创建新的通道"按钮 上，即可进行复制。

（2）单击图层面板右上角的 按钮，在弹出的下拉菜单中选择 复制通道 命令，弹出"复制通道"对话框，如图 9.2.6 所示，在其中进行适当的设置后单击 确定 按钮即可。

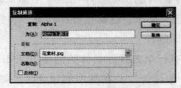

图 9.2.6　"复制通道"对话框

注意：在 文档(D): 下拉列表框中，只能显示与当前文件分辨率和尺寸相同的文件。此外，主通道的内容不能复制。

9.2.3　删除通道

对于使用完的通道，应该及时删除，以减少系统资源的使用，提高运行速度。具体的删除方法有以下 3 种：

（1）选中要删除的通道，单击鼠标左键将其拖动到通道面板底部的"删除通道"按钮 上，即可删除。

（2）选中要删除的通道，单击通道面板右上角的 按钮，在弹出的下拉菜单中选择 删除通道 命令，即可删除。

（3）选中要删除的通道，用鼠标单击通道面板底部的"删除通道"按钮 ，可弹出提示框，如图 9.2.7 所示，询问用户是否删除该通道，若单击 是(Y) 按钮，可删除通道；若单击 否(N) 按钮，则不会删除通道。

图 9.2.7　"删除通道"提示框

9.2.4　将通道作为选区载入

在通道面板中选择要载入选区的通道后，单击 通道× 面板底部的"将通道作为选区载入"按钮 ，此时就会将所选通道中的浅色区域作为选区载入，如图 9.2.8 所示。

图 9.2.8　载入通道选区

9.2.5 创建专色通道

专色是经过特别混合的油墨色，有别于传统意义上以 CMYK 色彩模式调配出来的颜色。专色可以用于单个层，打印时它可作为一个额外的页面重印在整个图像上。专色通道可以使用户增加或预览图像中的专色，也可以与颜色通道合并起来，这样在打印时就不再作为额外页面。其中每个专色通道都是按照其在通道面板上的顺序重印的。

创建专色通道时，图像中必须有一个选区。具体的创建方法如下：

（1）按"Ctrl+O"键，打开一幅图像，并在其中创建选区，如图 9.2.9 所示。

（2）单击通道面板右上角的 ≡ 按钮，在弹出的下拉菜单中选择 新建专色通道... 命令，或在按住"Ctrl"键的同时单击"创建新通道"按钮 ，打开如图 9.2.10 所示的"新建专色通道"对话框。

图 9.2.9　创建的图像选区　　　　　　　　　图 9.2.10　"新建专色通道"对话框

（3）在该对话框中，用户可以指定新建专色通道的名称、颜色及油墨特性（即在 密度(S): 文本框中输入数值，当输入值为 100 时，将模拟一种油墨完全覆盖下面油墨的效果；当输入值为 0 时，模拟完全显露下面油墨的透明油墨。需要注意的是，密度值只影响计算机屏幕上的图像显示，而对打印输出不起作用）。

（4）设置完成后，单击 确定 按钮，即可创建一个新的专色通道，效果如图 9.2.11 所示。

图 9.2.11　效果图及其通道面板

另外，用户还可将一个普通的 Alpha 通道转换为专色通道。在通道面板中选择需要转换的 Alpha 通道，然后单击通道面板右上角的 ≡ 按钮，在弹出的下拉菜单中选择 通道选项... 命令，可弹出"通道选项"对话框，如图 9.2.12 所示，在 色彩指示: 选项区中选中 ⦿专色(P) 单选按钮，然后单击 确定 按钮，即可将 Alpha 通道转换为专色通道，效果如图 9.2.13 所示。

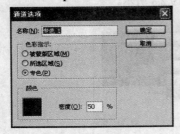

图 9.2.12　"通道选项"对话框　　　　　　　　图 9.2.13　通道转换后的效果

9.2.6　将 Alpha 通道转换为专色通道

Alpha 通道可以转换成专色通道，具体的操作步骤如下：

（1）在 Alpha 通道上双击，可弹出如图 9.2.14 所示的 通道选项 对话框。

（2）在 色彩指示: 选项区中选中 ⊙专色(P) 单选按钮，单击 确定 按钮，Alpha 通道即会转换成专色通道，如图 9.2.15 所示。

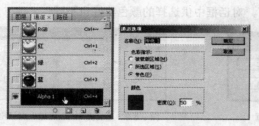

图 9.2.14　"通道选项"对话框　　　　　图 9.2.15　Alpha 通道转换为专色通道

9.3　分离与合并通道

在 Photoshop 的通道面板中存在的通道是可以进行重新拆分和拼合的，拆分后可以得到不同通道下的图像显示的灰度效果，将分离并单独调整后的图像通过合并通道命令，可以还原为彩色，只是在设置的通道图像不同时会产生颜色差异。

9.3.1　分离通道

利用通道面板中的 分离通道 命令（使用此命令之前，用户必须将图像中的所有图层合并，否则，此命令不可以使用）可以将图像的每个通道分离成灰度图像，以保留单个通道信息，每个图像可独立地进行编辑和存储。例如，对一个 RGB 模式的图像分离通道后，将分离为 3 个大小一样的单独灰度文件。这 3 个灰度文件会以源文件名加上红、绿和蓝来命名，表示其代表的那一个颜色通道，如图 9.3.1 所示。

图 9.3.1　RGB 图像分离后的 3 个通道文件

分离通道后，用户还可以根据需要将分离出来的灰度图像合成为一幅混合图像，甚至可用来合并不同的图像，但它们必须是宽度和高度的像素值都相同的灰度图像。在合并通道时，用户打开的灰度图像的数量决定合并通道时所用的色彩模式。例如，不能将从 RGB 图像中分离出来的通道合并成 CMYK 图像等。

9.3.2 合并通道

合并通道是将分离后并调整完毕的图像合并，单击通道面板右上角的 按钮，在弹出的下拉菜单中选择 合并通道... 命令，可弹出"合并通道"对话框，如图 9.3.2 所示，在其中用户可以定义合并的通道数及所要采用的颜色模式。在一般情况下，用户使用"多通道"模式即可。单击 确定 按钮后，将会打开另一个随颜色模式而定的设置对话框，如图 9.3.3 所示，在此对话框中进一步指定需要合并的各个通道。在不同的色彩模式下，对话框中供选择的颜色特性也不同。

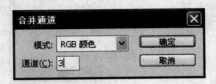

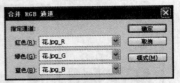

图 9.3.2 "合并通道"对话框   图 9.3.3 "合并 RGB 通道"对话框

在"合并 RGB 通道"对话框中单击 确定 按钮后，当前选定的图像文件都将合并为一个文件，每个原始图像文件都仅以一个通道的模式存在于新文件中。这里我们将如图 9.2.10 所示的分离后的通道进行合并，其效果如图 9.3.4 所示。

图 9.3.4 合并通道效果及其通道面板

9.4 应用图像与计算

利用 图像(I) 菜单中的"应用图像"命令和"计算"命令，可以对图像中的通道进行合成操作。这里的通道可以来自一个图像文件，也可以来自多个图像文件。当合成的通道来自两个或两个以上的图像时，这些图像在 Photoshop CS3 中必须全部打开，并且要具有相同的尺寸和分辨率。

9.4.1 应用图像

应用图像命令可以将源图像的图层和通道与当前图像的图层和通道混合。当前图像也称为目标图像。需要注意的是，源文件与目标文件必须大小相同。运算将对目标文件中的当前活动通道实施操作，从而使通道内容发生变化。与"计算"命令不同的是，"应用图像"命令还可以对复合通道进行计算。

选择 图像(I) → 应用图像(Y)... 命令，弹出"应用图像"对话框，如图 9.4.1 所示。

源(S)：在该选项的下拉列表中可以选择一个与目标文件相同大小的文件。

图层(L)：在该选项的下拉列表中可以选择源文件的图层。

通道(C)：在该选项的下拉列表中可以选择源文件的通道，并可以启用 ☑反相(V) 复选框使通道的内容在处理前反相。

图 9.4.1　"应用图像"对话框

混合(B)：在该选项的下拉列表中包含了用户可能用到的对两个通道的对应像素进行计算的方法。

除了上述的选项外，"应用图像"对话框中还包含了 ☑ 蒙版(K)... 复选框，其作用与前面介绍的"计算"对话框中的完全相同。

使用"应用图像"命令合成图像的具体操作方法如下：

（1）按"Ctrl+O"键，打开两幅大小相同的图像，如图 9.4.2 所示。

图 9.4.2　打开的两幅图像

（2）选择 图像(I) → 应用图像(Y)... 命令，弹出"应用图像"对话框，设置参数如图 9.4.3 所示。

（3）设置完成后，单击 确定 按钮，最终效果如图 9.4.4 所示。

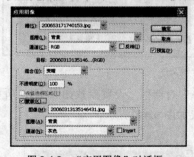

图 9.4.3　"应用图像"对话框

图 9.4.4　最终效果图

9.4.2　计算

利用计算命令可以合成两个来自一个或多个源图像的单一的通道，然后将结果保存到一个符合要求的文件中，或保存到一个彩色通道或 Alpha 通道中。在以后需要时，可直接将计算的结果运用到一个新图像中，或运用到当前图像的新通道或选区中。

注意："计算"命令不能用于复合通道。

选择 图像(I) → 计算(C)... 命令，弹出"计算"对话框，如图 9.4.5 所示。

图 9.4.5 "计算"对话框

在"计算"对话框中，源 1(S):选项区用于选择第一个源文件及其图层和通道。源 2(U):选项区用于选择第二个源文件及其图层和通道。如果想通过蒙版应用混合效果，则可选中 蒙版(K)...复选框，并在打开的选项区中选择包含此蒙版的图像、图层和通道；若选中 反相(V)复选框，则可以使通道的被蒙版区域和未被蒙版区域反相显示。在 结果(R):下拉列表中可以选择将混合结果存放于新图像中，还是置于当前图像的新通道或选区中。

使用"计算"命令合成图像的具体操作方法如下：

（1）按"Ctrl+O"键，打开两幅大小相同的图像，如图 9.4.6 所示。

图 9.4.6 打开的两个源文件

（2）选择 图像(I) → 计算(C)... 命令，弹出"计算"对话框，设置参数如图 9.4.7 所示。

（3）设置完成后，单击 确定 按钮，最终效果如图 9.4.8 所示。

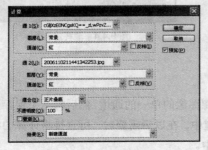

图 9.4.7 "计算"对话框

图 9.4.8 最终效果图

9.5　蒙版的概念

蒙版是 Photoshop 中的一个重要概念，蒙版与图层、通道和选区有密切的关系，利用蒙版可对图像进行复杂的编辑。它可以保护被选取或指定的区域不受编辑操作的影响，起到遮盖的作用。另外，使用蒙版可以将选区存储为 Alpha 通道后重复使用该选区。

9.5.1　蒙版的概念

蒙版是一种选区，但它跟常规的选区颇为不同，常规的选区表现了一种操作趋向，即将对所选区域进行处理；而蒙版却相反，它是对所选区域进行保护，使其免于操作，而对非掩盖的地方运用操作，通过蒙版可以创建图像的选区，也可以对图像进行抠图。

9.5.2　蒙版的原理

蒙版就是在原来的图层上加上一个看不见的图层，其作用就是显示和遮盖原来的图层。它使原图层的部分透明（消失），但并没有删除，而是被蒙版给遮住了，蒙版是一个灰度图像，所以可以用所有处理灰度图的工具来处理，如画笔工具、橡皮擦工具和部分滤镜等。

9.6　蒙版的应用

蒙版一般被广泛用于多图像拼接、创建选区、替换局部图像、调整局部图像等诸多方面。蒙版有快速蒙版、图层蒙版和通道蒙版 3 种。

9.6.1　快速蒙版

快速蒙版可以将任何选区作为蒙版进行编辑和查看图像，而无须使用通道。打开一幅图像，单击工具箱中的"以快速蒙版模式编辑"按钮 ▣，或按"Q"键即可在图像中创建一个蒙版，如图 9.6.1 所示。

原来选区外的部分被某种颜色覆盖并保护起来（在默认的情况下是不透明度为 50% 的红色），而选区内的部分仍保持原来的颜色。这时可以对蒙版进行扩大、缩小操作。在通道面板的最下方将出现一个"快速蒙版"通道，如图 9.6.2 所示。

图 9.6.1　创建快速蒙版　　　　　　　　　　　　图 9.6.2　通道面板

提示：在如图 9.6.2 所示的"通道"面板中可以看出，有一个新生成的快速蒙版通道，其中的白色部分代表建立的选区，是非保护区域，黑色区域为被保护的区域。用户可对这个白色区域随意进行修改，而不必担心会影响到黑色区域。

将选区作为蒙版编辑有很多好处，用户可以使用几乎所有的 Photoshop 工具或滤镜来修改蒙版，而不会影响到原图像。例如，用椭圆选框工具在图像中创建一个椭圆选区，进入快速蒙版模式后，再使用画笔工具扩大或缩小选区，或者使用滤镜扭曲选区边界等。

9.6.2 图层蒙版

图层蒙版是一个附加在图层之上的 8 位灰度图像，主要用于保护被屏蔽的图像区域，并可将部分图像处理成透明或半透明的效果。它与前面所说的快速蒙版、通道蒙版不同，图层蒙版只对需要创建蒙版的图层起作用，而对于图像中的其他层，该蒙版不可见，也不起任何作用。

1．图层蒙版的创建

（1）选中需要创建图层蒙版的图层，再用工具箱中的任意一种选框工具在图像中绘制选区，然后单击图层面板底部的"添加图层蒙版"按钮 ，即可为选择区域以外的图像添加蒙版，效果如图 9.6.3 所示。

提示：按"Q"键，用户可以直接进入以快速蒙版进行编辑。

（2）选中需要创建图层蒙版的图层，选择 图层(L) ➜ 图层蒙版(M) 命令，弹出如图 9.6.4 所示的子菜单，在其中选择相应的命令可为图层添加蒙版。

图 9.6.3　创建的图层蒙版效果及图层面板　　　　　图 9.6.4　图层蒙版子菜单

提示：在 Photoshop CS3 中用户不能直接为背景图层添加蒙版，如果需要给背景图层添加蒙版，可以先将背景图层转换为普通图层，然后再为其创建图层蒙版。

2．编辑图层蒙版

为图像创建图层蒙版后，用户可以使用工具箱中的渐变工具和画笔工具组在图层蒙版中添加渐变颜色或进行擦拭，以达到融合图像的效果，处理的效果会在图层蒙版缩略图中显示出来。下面通过一个例子具体介绍图层蒙版的编辑方法：

（1）打开一幅图像，然后单击图层面板底部的"添加图层蒙版"按钮 ，即可为图像添加蒙版，如图 9.6.5 所示。

图 9.6.5 打开图像并为其添加图层蒙版

（2）用鼠标单击选择图层蒙版缩略图，单击工具箱中的"渐变工具"按钮 ，使用径向渐变方式为蒙版填充从黑到白的渐变色，效果如图 9.6.6 所示。

图 9.6.6 编辑图层蒙版效果及图层面板

9.6.3 通道蒙版

通道蒙版与快速蒙版的作用类似，都是为了存储选区以备下次使用。不同的是在一幅图像中只允许有一个快速蒙版存在，而通道蒙版则不同，在一幅图像中可以同时存在多个通道蒙版，分别存放不同的选区。此外，用户还可以将通道蒙版转换为专色通道，而快速蒙版则不能。

1. 通道蒙版的创建

在 Photoshop CS3 中创建通道蒙版常用的方法有以下几种：

（1）首先在图像中创建一个选区，然后单击通道面板底部的"将选区存储为通道"按钮 ，即可将选区范围保存为通道蒙版，如图 9.6.7 所示。

图 9.6.7 创建通道蒙版效果及通道面板

（2）首先在图像中创建一个选区，再选择 选择(S) → 存储选区(S)... 命令，弹出"存储选区"对话框，如图 9.6.8 所示。在 名称(N): 文本框中输入通道蒙版的名称，再单击 确定 按钮即可将选区范围保存为通道蒙版。

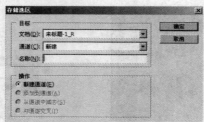

图 9.6.8 "存储选区"对话框

2．编辑通道蒙版

通道蒙版的编辑方法与快速蒙版相同，为图像创建通道蒙版后，可以使用 Photoshop 工具箱中的绘图工具、调整命令和滤镜等对其进行编辑，为图像添加各种特殊效果。

9.7 典型实例——制作撕纸效果

本节综合运用前面所学的知识制作撕纸效果，最终效果如图 9.7.1 所示。

图 9.7.1 最终效果图

操作步骤

（1）新建一个图像文件，设置背景为白色，再打开一幅图像，使用移动工具将其移至新建的图像文件中，自动生成图层 1，调整图层 1 中图像的大小，如图 9.7.2 所示。

（2）确认图层 1 为当前图层，设置前景色为棕色（R：105，G：49，B：50），选择菜单栏中的 编辑(E) → 描边(S)... 命令，弹出"描边"对话框，设置参数如图 9.7.3 所示。

图 9.7.2 调整图像

图 9.7.3 "描边"对话框

（3）单击 确定 按钮，描边后的效果如图 9.7.4 所示。

（4）选择菜单栏中的 图层(L) → 图层样式(Y) → 投影(D)... 命令，弹出"图层样式"对话框，设置参数如图 9.7.5 所示。

图 9.7.4 描边后的效果

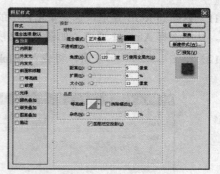

图 9.7.5 投影选项参数设置

（5）单击 确定 按钮，即可为图像添加投影效果，如图 9.7.6 所示。

（6）在 通道× 面板底部单击"创建新通道"按钮 ，新建 Alpha 1 通道，如图 9.7.7 所示。

图 9.7.6 添加投影效果

图 9.7.7 新建通道

（7）单击工具箱中的"套索工具"按钮 ，在图像中创建选区，如图 9.7.8 所示。

（8）设置前景色为白色，按"Alt+Delete"键填充选区，如图 9.7.9 所示。

图 9.7.8 创建选区

图 9.7.9 填充选区及通道面板

（9）按"Ctrl+D"键取消选区，选择菜单栏中的 滤镜(T) → 像素化 → 晶格化... 命令，弹出"晶格化"对话框，设置参数如图 9.7.10 所示。

（10）单击 确定 按钮，应用晶格化滤镜后的效果如图 9.7.11 所示。

图 9.7.10 "晶格化"对话框

图 9.7.11 使用晶格化滤镜效果

（11）返回到 RGB 通道，选择菜单栏中的 选择(S) → 载入选区(L)... 命令，可弹出"载入选区"对话框，从中选择 Alpha 1 通道，如图 9.7.12 所示。

（12）单击 确定 按钮，将载入 Alpha 1 通道，使用移动工具移动选区，效果如图 9.7.13 所示。

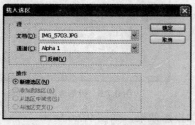
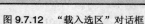

图 9.7.12 "载入选区"对话框   图 9.7.13 移动选区

（13）按"Ctrl+D"键取消选区，撕纸效果制作完成，最终效果如图 9.7.1 所示。

本 章 小 结

本章主要介绍了通道与蒙版的基本功能与操作方法。通过本章的学习，读者应该对通道与蒙版有更深的了解，从而制作出美观大方的图像效果。

过 关 练 习

一、填空题

1. 通道最主要的功能是_____。

2. 在 Photoshop CS3 中，通道可以分为 3 类，分别是_____、_____和_____。

3. 在 Photoshop CS3 中，可使用_____和_____命令来对图像中的通道进行混合运算。

二、选择题

1. 一幅图像最多能有（　）个通道。

　（A）26　　　　　　（B）36　　　　　　（C）46　　　　　　（D）56

2. 对图像分离通道后，可以将图像的每个通道分离成（　）图像。

　（A）位图　　　　　（B）灰度　　　　　（C）黑白　　　　　（D）彩色

三、简答题

在 Photoshop CS3 中蒙版的形式有哪几种？

四、上机操作题

1. 新建一个图像文件，创建文字选区，并将该选区保存到通道面板中。

2. 打开两幅大小相同的图像，练习使用本章所介绍的"应用图像"和"计算"命令来制作各种图像的混合效果。

3. 打开一幅只有背景图层的 RGB 图像，练习使用分离通道功能进行图像通道的分离。

第10章

滤镜的应用

章前导航

滤镜是 Photoshop 中制作特殊效果的一种重要工具。它是一种插件模块，能够对图像中的像素进行特殊效果的处理，使图像的风格发生变化，以便轻而易举地制作出具有创意的图像作品。本章将向读者介绍各滤镜命令的功能及其使用方法。

本章要点

➡ 滤镜的基础知识

➡ 智能滤镜

➡ 插件滤镜的使用

➡ 滤镜的基本操作

10.1   滤镜的基础知识

滤镜来源于摄影中的滤光镜，利用滤光镜的功能可以改进图像并能产生特殊效果。在 Photoshop 中，通过滤镜的功能，可以为图像添加各种各样的特殊效果，Photoshop CS3 为用户提供了几十种不同的滤镜，包括模糊、扭曲、抽出、液化以及艺术效果滤镜等，如图 10.1.1 所示，选择相应的命令，还可弹出对应命令的子菜单，从中选择需要的滤镜效果来处理图像。使用这些滤镜可以创造出不同的图像效果，也可将不同的滤镜配合使用。

图 10.1.1   滤镜菜单

10.1.1   使用滤镜的过程

在 Photoshop 中提供了近百种滤镜，这些滤镜各有其特点，但使用过程基本相似。在使用滤镜时，一般都可以按照以下步骤进行：

（1）选择需要使用滤镜处理的某个图层、某区域或某个通道。

（2）在 **滤镜 (T)** 菜单中（见图 10.1.1），选择需要使用的滤镜命令，弹出相应的设置对话框。

（3）在弹出的对话框中设置相关的参数，一般有两种方法：一种是使用滑块，此方法很方便，也更容易随时预览效果；另一种是直接输入数值，这样可以得到较精确的设置。

（4）预览图像效果。大多数滤镜对话框中都设置了预览图像效果的功能。

（5）当调整好各个参数后，单击 **确定** 按钮就可以执行此滤镜命令。如果对调整的效果不满意，可单击 **取消** 按钮取消设置操作。

10.1.2   滤镜使用技巧

滤镜的种类很多，产生的效果也不一样，但是在使用上都有共同的基本方法和技巧，掌握该技巧将在滤镜的使用中获得事半功倍的效果。

（1）滤镜的效果只对单一的图层起作用，对蒙版、Alpha 通道也可制作滤镜效果。

（2）运用滤镜后，要通过"Ctrl+Z"键切换，以观察使用滤镜前后的图像效果对比，能更清楚地观察滤镜的作用。

（3）在对某一选择区域使用滤镜时，可对该部分图像创建选区，一般应先对选择区域执行羽化

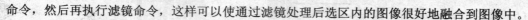

命令，然后再执行滤镜命令，这样可以使通过滤镜处理后选区内的图像很好地融合到图像中。

（4）按"Ctrl+F"键可重复执行上次使用的滤镜，但此时不会弹出滤镜对话框，即不能调整滤镜参数；如果按"Ctrl+Alt+F"键，则会重新弹出上一次执行的滤镜对话框，此时即可调整滤镜的参数设置；按"Esc"键，可以放弃当前正在应用的滤镜。

（5）可以将多个滤镜命令组合使用，从而制作出漂亮的文字、纹理或图像效果。

（6）滤镜在不同色彩模式中的使用范围不同，在位图、索引颜色和 16 位的色彩模式下不能使用滤镜，在 RGB 模式下可以使用全部的滤镜。

（7）当执行完一个滤镜命令后，若觉得对滤镜效果不满意，还要进行一些简单的调整，可以选择 编辑(E) → 渐隐 命令，在弹出的如图 10.1.2 所示的"渐隐"对话框中进行适当的调整。还可以按"Ctrl+Z"键撤销上步滤镜的操作，然后再执行该命令重新设置。

图 10.1.2　"渐隐"对话框

10.1.3　滤镜库的使用

滤镜库功能是自 Photoshop CS 以来新增的功能，它几乎将所有的滤镜效果都集成在一个面板中，用户可以很方便地在其中实现各个滤镜效果的预览、操作和参数设置等。

选择 滤镜(T) → 滤镜库(G)... 命令，弹出"滤镜库"对话框，如图 10.1.3 所示。

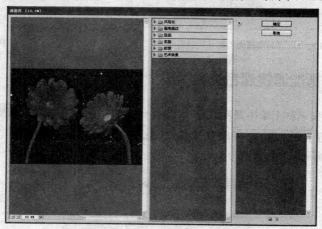

图 10.1.3　"滤镜库"对话框

在该对话框中各组滤镜以折叠菜单的形式显示。若要使用该对话框进行滤镜操作，具体的方法介绍如下：

（1）选择 滤镜(T) → 滤镜库(G)... 命令，打开"滤镜库"对话框。

（2）在该对话框中打开所要选择滤镜组的折叠菜单。

（3）在打开的选项区中单击需要使用的滤镜。

（4）该对话框的左侧显示要进行滤镜处理的图像或滤镜效果的预览。

（5）该对话框的右侧显示用于设置滤镜参数的选项区，在该区域中可对滤镜效果进行设置。

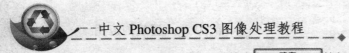

（6）设置好相关参数后，单击 确定 按钮即可。

10.2 智 能 滤 镜

在 Photoshop CS3 中智能滤镜可以在不破坏图像本身像素的条件下为图层添加滤镜效果，从而使原有的图像产生许多特殊炫目的效果。

10.2.1 创建智能滤镜

图层面板中的普通图层应用滤镜后，原来的图像将会被取代；图层面板中的智能对象可以直接将滤镜添加到图像中，但是不破坏图像本身的像素。

选择菜单栏中的 图层(L) → 智能对象 → 转换为智能对象(S) 命令，即可将普通图层或背景图层变成智能对象，或选择菜单栏中的 滤镜(T) → 转换为智能滤镜 命令，此时会弹出如图 10.2.1 所示的提示对话框。单击 确定 按钮，即可将当前图层转换为智能对象图层，再执行相应的滤镜命令，就会在图层面板中看到该滤镜显示在智能滤镜的下方，如图 10.2.2 所示。

图 10.2.1 "智能滤镜"提示对话框　　　　图 10.2.2 图层面板中的"智能滤镜"

10.2.2 编辑智能滤镜混合选项

在应用的滤镜效果名称上单击鼠标右键，在弹出的菜单中选择 编辑智能滤镜混合选项 选项，或在图层面板中的 按钮上双击鼠标，即可弹出 混合选项 对话框，在该对话框中可以设置该滤镜在图层中的 模式(M): 和 不透明度(O):，如图 10.2.3 所示。

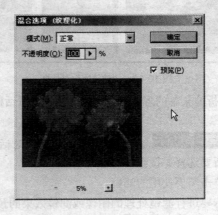

图 10.2.3 "混合选项"对话框

10.2.3 停用/启用智能滤镜

在图层面板中应用智能滤镜后，选择菜单栏中的 图层(L) → 智能滤镜 → 停用智能滤镜 命令，即可将当前使用的智能效果隐藏，还原图像的原来品质，此时 智能滤镜 子菜单中的 停用智能滤镜 命令变成 启用智能滤镜 命令，执行此命令即可启用智能滤镜，如图 10.2.4 所示。

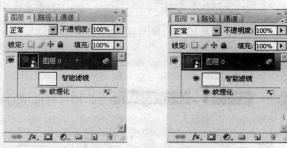

图 10.2.4 停用/启用智能滤镜

技巧：单击图层面板中 "智能滤镜" 前面的眼睛按钮 ，可以将智能滤镜在 "停用与启用" 之间转换。

10.2.4 删除/添加智能滤镜蒙版

选择菜单栏中的 图层(L) → 智能滤镜 → 删除滤镜蒙版 命令，即可将智能滤镜中的蒙版从图层面板中删除，此时 智能滤镜 子菜单中的 删除滤镜蒙版 命令将变成 添加滤镜蒙版 命令，执行此命令即可将蒙版添加到滤镜后面，如图 10.2.5 所示。

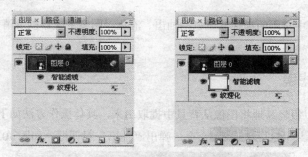

图 10.2.5 删除/添加滤镜蒙版

技巧：右键单击图层面板中 "智能滤镜" 名称，在弹出的菜单中选择 删除滤镜蒙版 或 添加滤镜蒙版 命令进行删除与添加。

10.2.5 停用/启用智能滤镜蒙版

选择菜单栏中的 图层(L) → 智能滤镜 → 停用滤镜蒙版(B) 命令，即可将智能滤镜中的蒙版停用，此时会在蒙版上出现一个红叉，应用 停用滤镜蒙版(B) 命令后，智能滤镜 子菜单中的 停用滤镜蒙版(B) 命令将变成 启用滤镜蒙版(B) 命令，执行此命令即可将蒙版重新启用，如图 10.2.6 所示。

图 10.2.6　停用/启用滤镜蒙版

10.2.6　清除智能滤镜

选择菜单栏中的 图层(L) → 智能滤镜 → 清除智能滤镜 命令，即可将应用的智能滤镜从图层面板中清除，如图 10.2.7 所示。

图 10.2.7　清除智能滤镜

10.3　插件滤镜的使用

在 Photoshop CS3 中常用的插件滤镜包括抽出、液化、图案生成器以及消失点等，下面将具体进行介绍。

10.3.1　抽出滤镜

使用抽出滤镜可以很轻易地将图像从背景中提取出来，具体操作方法如下：

（1）选择 滤镜(T) → 抽出(X)... 命令，弹出"抽出"对话框，如图 10.3.1 所示。

图 10.3.1　"抽出"对话框

（2）单击该对话框左侧的"边缘高光器工具"按钮 ，在 **工具选项** 选项区设置画笔大小和高光颜色，如果图像太小，可通过"缩放工具"按钮 放大，在图像中勾画出一个闭合的边缘高光线，将图像和背景分离，如图 10.3.2 所示。

图 10.3.2 边缘高光线的效果

提示：按住"Alt"键的同时单击图像，可按比例缩小图像。

（3）单击该对话框左侧的"填充工具"按钮 ，对边缘高光线围成的闭合区域进行填充，如图 10.3.3 所示，在对话框右侧的 **填充** 下拉列表框中可设置填充颜色。

（4）单击对话框左侧的"橡皮擦工具"按钮 ，可将选取不满意的高光区域擦除。

（5）单击对话框左侧的"清除工具"按钮 ，将不需要的背景擦除。

（6）单击对话框左侧的"边缘修饰工具"按钮 ，将已擦除的边缘细节恢复，来修整抽出的效果。单击 预览 按钮，可对抽出的结果进行预览，如不满意可再修改。

（7）单击 确定 按钮确认抽出操作，效果如图 10.3.4 所示。

图 10.3.3 填充的效果

图 10.3.4 抽出的图像效果

10.3.2 液化滤镜

使用液化滤镜可以使图像产生液体流动的效果，从而产生特殊的溶解、旋转、扭曲、放大等特殊效果。下面通过实例来介绍液化滤镜的功能与使用。

（1）打开一幅需要处理的图像文件，选择菜单栏中的 滤镜(T) → 液化(L)... 命令，弹出 液化 对话框，如图 10.3.5 所示。

图 10.3.5　"液化"对话框

（2）在此对话框左边是液化滤镜用来处理图像的几个工具按钮，应用它们可以使图像产生不同的效果，右边是用来设置选择相应工具时的设置参数，用户可反复设置不同的参数来观察图像的变化效果（原图以"液化"对话框中的预览图像为准）。

1）单击"向前变形"按钮 ，在图像上拖动，会使图像向拖动方向产生弯曲变形效果，如图 10.3.6 所示。

2）单击"重建工具"按钮 ，在已发生变形的区域单击或拖动，可以使已变形图像恢复为原始状态，如图 10.3.7 所示。

3）单击"顺时针旋转扭曲工具"按钮 ，在图像上按住鼠标时，可以使图像中的像素顺时针旋转，如图 10.3.8 所示。按住"Alt"键，在图像上按住鼠标时，可以使图像中的像素逆时针旋转，如图 10.3.9 所示。

图 10.3.6　向前变形效果　　　　图 10.3.7　重建效果　　　　图 10.3.8　顺时针旋转效果

4）单击"褶皱工具"按钮 ，在图像上单击或拖动时，会使图像中的像素向画笔区域的中心移动，使图像产生收缩效果，如图 10.3.10 所示。

5）单击"膨胀工具"按钮 ，在图像上单击或拖动时，会使图像中的像素从画笔区域的中心向画笔边缘移动，使图像产生膨胀效果，该工具产生的效果正好与"褶皱工具"产生的效果相反，如图 10.3.11 所示。

图 10.3.9　逆时针旋转效果

图 10.3.10　褶皱效果

图 10.3.11　膨胀效果

6）单击"左推工具"按钮 ，在图像上拖动鼠标时，图像中的像素会以相对于拖动方向左垂直的方向在画笔区域内移动，使其产生挤压效果，如图 10.3.12 所示；按住"Alt"键拖动鼠标时，图像中的像素会以相对于拖动方向右垂直的方向在画笔区域内移动，使其产生挤压效果，如图 10.3.13 所示。

7）单击"镜像工具"按钮 ，在图像上拖动时，图像中的像素会以相对于拖动方向右垂直的方向上产生镜像效果，如图 10.3.14 所示；按住"Alt"键拖动鼠标时，图像中的像素会以相对于拖动方向左垂直的方向上产生镜像效果，如图 10.3.15 所示。

图 10.3.12　左推效果

图 10.3.13　右推效果

图 10.3.14　右镜像效果

8）单击"湍流工具"按钮 ，在图像上拖动时，图像中的像素会平滑地混和在一起，可以十分轻松地在图像上产生与火焰、波浪或烟雾相似的效果，如图 10.3.16 所示。

9）单击"冻结蒙版工具"按钮 ，将图像中不需要变形的区域涂抹进行冻结，使涂抹的区域不受其他区域变形的影响，如图 10.3.17 所示图像红色的区域就是被冻结部分；使用"向前变形"在图像上拖动经过冻结的区域图像不会被变形，如图 10.3.18 所示。

图 10.3.15　左镜像效果

图 10.3.16　湍流效果

图 10.3.17　冻结效果

10）单击"解冻蒙版工具"按钮 ，在图像中冻结的区域涂抹，可解除图像中的冻结区域，如图 10.3.19 所示。

图 10.3.18　向前变形液化效果

图 10.3.19　解冻效果

11）单击"抓手工具"按钮 👋，当图像放大到超出预览框时，使用抓手工具可以移动图像查看。

12）单击"缩放工具"按钮 🔍，可以将预览区的图像放大，按住"Alt"键单击鼠标会将图像按比例缩小。

10.3.3 图案生成器滤镜

图案生成器滤镜根据选取图像的部分或剪贴板中的图像来生成各种图案，实现了拼贴块与拼贴块之间的无缝连接。因为图案是基于样本中的像素，所以生成的图案与样本具有相同的视觉效果。下面举例说明使用图案生成器生成图案的方法。

（1）打开一幅需要生成图案的图像。

（2）选择菜单栏中的 滤镜(T) → 图案生成器(P)... 命令，弹出 图案生成器 对话框，在该对话框中选择需要定义图案的区域，如图 10.3.20 所示。

图 10.3.20 "图案生成器"对话框

（3）在 宽度: 与 高度: 输入框中输入适当的数值，可设置拼贴大小。

（4）单击 生成 按钮，即可在预览窗口中生成一个图案拼贴，如图 10.3.21 所示。

图 10.3.21 生成图案拼贴

（5）改变对话框中的参数，单击 再次生成 按钮，可生成下一个不同的图案，继续单击此按钮，可以继续合成不同的图案效果。

10.3.4 消失点滤镜

使用消失点功能可以在图像中指定平面，然后进行绘画、仿制、拷贝、粘贴、变换等编辑操作。

所有编辑操作都将采用所处理平面的透视，因此，使用消失点来修饰、添加或移去图像中的内容，效果将更加逼真。

选择菜单栏中的 滤镜(T) → 消失点(V)... 命令，弹出 消失点 对话框，如图 10.3.22 所示。

图 10.3.22　"消失点"对话框

对话框中各选项的含义如下：

（1）"创建平面工具"按钮：可以在预览编辑区的图像中单击并创建平面的 4 个点，节点之间会自动连接成透视平面，在透视平面边缘上按住"Ctrl"键拖动时，就会产生另一个与之配套的透视平面。

（2）"编辑平面工具"按钮：可以对创建的透视平面进行选择、编辑、移动和调整大小，存在两个平面时，按住"Alt"键拖动控制点可以改变两个平面的角度。

（3）"选框工具"按钮：在平面内拖动即可在平面内创建选区；按住"Alt"键拖动选区可以将选区内的图像复制到其他位置，复制的图像会自动生成透视效果；按住"Ctrl"键拖动选区可以将选区停留的图像复制到创建的选区内。

（4）"图章工具"按钮：与软件工具箱中的"仿制图章工具"用法相同，只是多出了修复透视区域效果，先按住"Alt"键在平面内取样，松开键盘，移动鼠标到需要仿制的地方按下鼠标拖动即可复制，复制的图像会自动调整所在位置的透视效果。

（5）"画笔工具"按钮：使用画笔工具可以在图像内绘制选定颜色的画笔，在创建的平面内绘制的画笔会自动调整透视效果。

（6）"变换工具"按钮：使用变换工具可以对选区复制的图像进行调整变换，还可以将复制"消失点"对话框中的其他图像拖动到多维平面内，并可以对其进行移动和变换。

（7）"吸管工具"按钮：在图像中采集颜色，选取的颜色可作为画笔的颜色。

（8）"测量工具"按钮：点按两点可测量距离，编辑距离可设置测量的比例。

（9）"缩放工具"按钮：用来缩放预览区的视图，在预览区内单击鼠标会将图像放大，按住"Alt"键单击鼠标会将图像按比例缩小。

（10）"抓手工具"按钮：单击并拖动可在预览窗口中查看局部图像。

下面通过一个实例来说明消失点的功能与使用方法。

（1）打开一幅图像，如图 10.3.23 所示，使用多边形工具将图像中的盒子从背景中选出来。

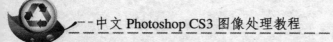
（2）按"Ctrl+J"键可自动将选区中的图像拷贝到一个新图层中，如图 10.3.24 所示。

图 10.3.23　创建选区　　　　　　　图 10.3.24　创建拷贝图层

（3）打开一幅如图 10.3.25 所示的图像，按"Ctrl+A"键全选图像，按"Ctrl+C"键将其复制到剪贴板中，以备后用。

（4）选择菜单栏中的 滤镜(T) → 消失点(V)... 命令，弹出 消失点 对话框，如图 10.3.26 所示。

图 10.3.25　打开的图像　　　　　　　图 10.3.26　"消失点"对话框

（5）在工具箱中单击"创建平面工具"按钮 ，此时光标变为 形状，在盒子的一侧单击，然后沿盒子边缘拖动光标，单击第 3 个点将出现一个三角形平面，拖动光标，即可形成一个四边形的平面，如图 10.3.27 所示。

图 10.3.27　四边形的平面

（6）在 网格大小 输入框中可设置平面中的网格数量。

（7）继续使用创建平面工具绘制其他各个面的网格平面。

（8）按"Ctrl+V"键将复制到剪贴板中的图像粘贴到窗口中，如图 10.3.28 所示。

图 10.3.28 粘贴效果

（9）拖动光标，将粘贴的图像拖至第一个网格平面中，系统将自动适应该平面，在工具箱中单击"变换工具"按钮，变换网格中图像的大小，效果如图 10.3.29 所示。

图 10.3.29 变换网格中图像的大小

（10）按住"Alt"键拖动变换后的图像，将其复制 3 个，并放入其他两个网格平面中，效果如图 10.3.30 所示。

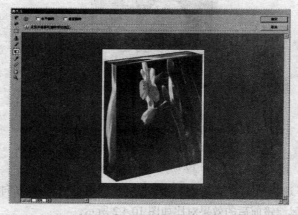

图 10.3.30 复制到其他平面的效果

（11）单击 确定 按钮，返回到 Photoshop CS3 工作界面，将图层 1 的不透明度设置为 73%，混合模式设置为色相，效果如图 10.3.31 所示。

图 10.3.31　更改不透明度与混合模式效果

10.4　滤镜的基本效果

一个好的 Photoshop 作品几乎都少不了滤镜的使用，因此应该熟练掌握各个滤镜的功能与设置，以便得到理想的效果。本节将详细介绍这些滤镜的使用，由于滤镜的种类较多，在每一组滤镜中只选择常用的滤镜进行介绍。

10.4.1　风格化滤镜组

风格化滤镜组通过移动或置换图像像素的方式来产生印象派或其他风格的图像效果，许多效果非常显著，几乎看不出原图的效果。此滤镜组包括查找边缘、等高线、风、浮雕效果、扩散、拼贴、曝光过度、凸出和照亮边缘 9 种滤镜。

1. 风

风滤镜可以为图像添加一些水平的细微线条，从而产生吹风的效果。选择 滤镜(T) → 风格化 → 风... 命令，弹出风对话框，如图 10.4.1 所示。

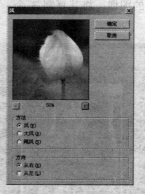

图 10.4.1　"风"对话框

在 方法 选项区中可选择风的样式，在 方向 选项区中可选择风的方向，设置完成后，单击 确定 按钮。应用风滤镜前后的效果对比如图 10.4.2 所示。

图 10.4.2　应用风滤镜前后的效果对比

2. 浮雕效果

　　浮雕效果滤镜是将图像中的颜色转换为灰色，并用原来的颜色勾画图像边缘，使图像下陷或凸出，产生类似浮雕的效果。选择 滤镜(T) → 风格化 → 浮雕效果 命令，弹出 浮雕效果 对话框，如图 10.4.3 所示。

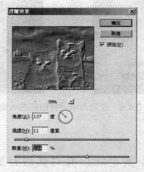

图 10.4.3　"浮雕效果"对话框

　　其中，在 角度(A): 文本框中输入数值，可设置光线照射的角度值，输入数值范围为 0～360° 。
　　在 高度(H): 文本框中输入数值，可设置浮雕凸起的高度，输入数值范围为 1～10。
　　在 数量(M): 文本框中输入数值，可设置凸出部分细节的百分比，输入数值范围为 1%～500%。
　　如图 10.4.4 所示为应用浮雕效果滤镜前后的效果对比。

图 10.4.4　应用浮雕效果滤镜前后的效果对比

3. 凸出

　　凸出滤镜可将图像转变为凸出的三维锥体或立方体，使其产生 3D 纹理效果。选择菜单栏中的 滤镜(T) → 风格化 → 凸出... 命令，弹出 凸出 对话框，如图 10.4.5 所示。

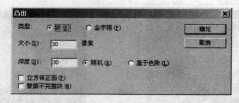

图 10.4.5 "凸出"对话框

其中，**类型：**：在此选项区中可选择一种凸出的类型，即 **⊙ 块(B)** 或 **⊙ 金字塔(P)**。

大小(S)：：用于设置块状和金字塔状体的底面大小。

深度(D)：：用于设置图像从屏幕凸起的深度，基于色阶选项可使图像中的某一部分亮度增加，使块状或金字塔状与色阶连在一起。

如图 10.4.6 所示为应用凸出滤镜前后的效果对比。

图 10.4.6 应用凸出滤镜前后的效果对比

4. 照亮边缘

照亮边缘滤镜可以查找图像中的轮廓，并对其进行加亮。选择 **滤镜(T)** → **风格化** → **照亮边缘...** 命令，弹出 **照亮边缘** 对话框，如图 10.4.7 所示。

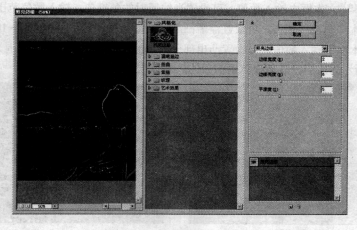

图 10.4.7 "照亮边缘"对话框

在 **边缘宽度** 文本框中输入数值，可设置描绘边缘线条的宽度。

在 **边缘亮度** 文本框中输入数值，可设置描绘边缘线条的亮度。

在 **平滑度** 文本框中输入数值，可设置描绘边缘线条的平滑程度。

设置好参数后，单击 **确定** 按钮。应用照亮边缘滤镜前后的效果对比如图 10.4.8 所示。

图 10.4.8 应用照亮边缘滤镜前后的效果对比

5. 查找边缘

查找边缘滤镜可以搜寻图像的主要颜色变化区域并强化其过渡像素,使其产生一种用铅笔勾勒轮廓的效果。

6. 等高线

等高线滤镜用于查找图像中主要亮度区域,并淡淡地勾勒这些亮度区域,以得到与等高线图中的线条类似的效果。

7. 扩散

扩散滤镜用于创建一种类似透过磨砂玻璃观看图像的分离模糊效果。

8. 拼贴

拼贴滤镜可以将图像分成像是由瓷砖方块组成的,并使每个方块上都有部分图像。

9. 曝光过度

曝光过度滤镜可以产生图像的正片和负片混合的效果,类似于在摄影显影过程中使照片在短暂的时间内增加光线强度以产生曝光过度的效果。

10.4.2 画笔描边滤镜组

画笔描边滤镜组可使用不同的画笔和油墨笔触效果使图像产生绘画式或精美艺术的外观,可为图像添加颗粒、绘画、边缘,以获得点状化效果,且这些滤镜对 CMYK 和 Lab 颜色模式的图像都不起作用。此滤镜组包括成角的线条、墨水轮廓、喷溅、喷色描边、强化的边缘、深色线条、烟灰墨和阴影线 8 种。

1. 成角的线条

成角的线条滤镜使用对角线描绘图像,使图像中较亮的区域用一个方向的线条绘制,较暗的区域用相反方向的线条绘制。选择 滤镜(T) → 画笔描边 → 成角的线条... 命令,弹出 成角的线条 对话框,如图 10.4.9 所示。

在 方向平衡(D) 文本框中输入数值,可设置线条倾斜的方向,输入数值范围为 0~100。设置为 0 时,线条方向从右上方向左下方倾斜;设置为 100 时,则线条方向从左上方向右下方倾斜。

在 描边长度(L) 文本框中输入数值,可设置线条的长度,输入数值范围为 3~50。

在 锐化程度(S) 文本框中输入数值,可设置画笔线条的尖锐程度,输入数值范围为 0~10。数值

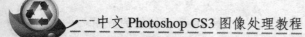

较大时，产生的线条比较模糊。

图 10.4.9　"成角的线条"对话框

设置好参数后，单击 确定 按钮。应用成角的线条滤镜前后的效果对比如图 10.4.10 所示。

图 10.4.10　应用成角的线条滤镜前后的效果对比

2．喷溅

喷溅滤镜用于模拟喷枪的效果来绘制图像，使图像产生水珠喷溅的效果。选择 滤镜(T) →
画笔描边 → 喷溅… 命令，弹出 喷溅 对话框，如图 10.4.11 所示。

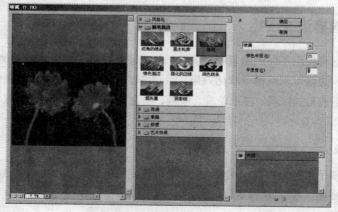

图 10.4.11　"喷溅"对话框

在 喷色半径(R) 文本框中输入数值，可设置喷枪喷射范围的大小，输入的数值越大，喷射的范围
就越大。

在 平滑度(S) 文本框中输入数值，设置喷射颗粒的平滑程度，输入的数值越大，喷射颗粒就越
平滑。

设置好参数后，单击 确定 按钮。应用喷溅滤镜前后的效果对比如图 10.4.12 所示。

图 10.4.12　应用喷溅滤镜前后的效果对比

3．喷色描边

喷色描边滤镜是使用带有一定角度的喷色线条的主导色彩来重新描绘图像，使图像表面产生描绘的水彩画效果。选择 滤镜(T) → 画笔描边 → 喷色描边... 命令，弹出 喷色描边 对话框，如图 10.4.13 所示。

图 10.4.13　"喷色描边"对话框

在 描边长度(S) 文本框中输入数值，可设置笔触的长度，取值范围为 0～20。

在 喷色半径(R) 文本框中输入数值，可设置喷射的范围大小，取值范围为 0～25。

在 描边方向(D) 下拉列表中可选择笔画的方向。

设置好参数后，单击 确定 按钮。应用喷色描边滤镜前后的效果对比如图 10.4.14 所示。

图 10.4.14　应用喷色描边滤镜前后的效果对比

4．墨水轮廓

墨水轮廓滤镜是以钢笔画的风格，用纤细的线条在原细节上重绘图像。

5. 强化的边缘

强化的边缘滤镜用于强化颜色之间的边界。当边缘亮度较高时，强化效果类似于白色；当边缘亮度较低时，强化效果类似于黑色，这样就将图像处理得轮廓效果更加突出。

6. 烟灰墨

烟灰墨滤镜通过计算图像像素的色值分布，使图像产生类似于用含有黑色墨水的湿画笔在宣纸上进行绘制的效果。

7. 阴影线

阴影线滤镜可保留原图像的细节和特征，同时使用模拟的铅笔阴影线添加纹理，并使图像中彩色区域的边缘变粗糙。

10.4.3 模糊滤镜组

模糊滤镜组主要是通过削弱相邻像素间的对比度，使图像中相邻像素间过渡平滑，从而产生柔和、模糊的图像效果。此滤镜组包括表面模糊、动感模糊、方框模糊、高斯模糊、进一步模糊、径向模糊、镜头模糊、模糊、平均、特殊模糊和形状模糊 11 种。

1. 高斯模糊

高斯模糊滤镜是一种常用的滤镜，是通过调整模糊半径的参数使图像快速模糊，从而产生一种朦胧效果。选择 滤镜(T) → 画笔描边 → 高斯模糊... 命令，弹出 高斯模糊 对话框，如图 10.4.15 所示。

图 10.4.15 "高斯模糊"对话框

在 半径(R) 文本框中输入数值，设置图像的模糊程度，输入的数值越大，图像模糊的效果越明显。应用高斯模糊滤镜前后的效果对比如图 10.4.16 所示。

图 10.4.16 应用高斯模糊滤镜前后的效果对比

2．动感模糊

动感模糊滤镜可在指定的方向上对像素进行线性的移动，使其产生一种运动模糊的效果。选择 **滤镜(T)** → **画笔描边** → **动感模糊...** 命令，弹出 **动感模糊** 对话框，如图 10.4.17 所示。

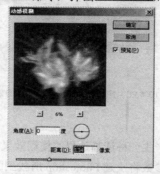

图 10.4.17 "动感模糊"对话框

在 **角度(A):** 文本框中输入数值，可设置动感模糊的方向。

在 **距离(D):** 文本框中输入数值，可设置动感模糊的强弱程度，输入的数值越大，模糊效果越强烈。

设置好参数后，单击 **确定** 按钮。使用动感模糊滤镜前后的效果对比如图 10.4.18 所示。

图 10.4.18 应用动感模糊滤镜前后的效果对比

3．径向模糊

径向模糊滤镜可对图像进行旋转模糊，也可将图像从中心向外缩放模糊。选择 **滤镜(T)** → **画笔描边** → **径向模糊...** 命令，弹出 **径向模糊** 对话框，如图 10.4.19 所示。

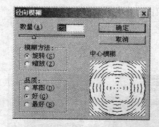

图 10.4.19 "径向模糊"对话框

数量(A): 可用于设置径向模糊的强度，数值越大，模糊效果越明显。

模糊方法: 用于设置模糊的效果，选中 ⊙ **旋转(S)** 单选按钮，图像会从中心产生旋转模糊的效果；选中 ⊙ **缩放(Z)** 单选按钮，图像则会从中心产生放射状模糊的效果。

在 **品质:** 选项区中选择生成模糊效果的质量。

应用径向模糊滤镜前后的效果对比如图 10.4.20 所示。

原图像   缩放效果   旋转效果

图 10.4.20   应用径向模糊滤镜前后的效果对比

4．特殊模糊

利用特殊模糊滤镜可以使图像产生一种清晰边界的模糊效果，该滤镜能够找出图像边缘，并只模糊图像边界线以内的区域，设置的参数将决定 Photoshop 所找到的边缘位置。

5．形状模糊

形状模糊滤镜使用指定的形状来创建图像的模糊效果。从自定义形状预设列表中选取一种形状，并在 半径(R): 输入框中输入数值来调整其大小。

10.4.4   扭曲滤镜组

扭曲滤镜组主要通过对图像进行扭曲变形等操作，使图像变形从而产生特殊的效果，是一组功能强大的滤镜。此滤镜组包括波浪、波纹、玻璃、海洋波纹、极坐标、挤压、镜头校正、扩散亮光、切变、球面化、水波、旋转扭曲和置换 13 种。

1．波纹

利用波纹滤镜可以使图像表面产生水波荡漾的涟漪效果。选择 滤镜(T) → 扭曲 → 波纹… 命令，弹出 波纹 对话框，如图 10.4.21 所示。

数量(A)：设置产生波纹的数量，输入数值范围为 −999～999。一般只有将参数设置在 −300～300 之间时，才会产生出较好的效果。

大小(S)：设置波纹的大小。

应用波纹滤镜前后的效果对比如图 10.4.22 所示。

图 10.4.21   "波纹"对话框   图 10.4.22   应用波纹滤镜前后的效果对比

2．玻璃

玻璃滤镜可以使图像产生一系列的细小纹理，好像是在各种不同纹理的玻璃下方观察图像的效果。选择 滤镜(T) → 扭曲 → 玻璃... 命令，弹出 玻璃 对话框，如图 10.4.23 所示。

图 10.4.23　"玻璃"对话框

扭曲度(D)：设置图像的变形程度；平滑度(M)：设置玻璃的平滑程度；缩放(S)：设置纹理的缩放比例；

纹理(T)：设置表面纹理的变形类型。

☑ 反相(I)：选中此复选框，可以使图像中的纹理图进行反转。

应用玻璃滤镜前后的效果对比如图 10.4.24 所示。

图 10.4.24　应用玻璃滤镜前后的效果对比

3. 扩散亮光

扩散亮光滤镜可以使图像产生光热弥漫的效果，一般用来表现强烈的光线和烟雾效果。选择

滤镜(T) → 扭曲 → 扩散亮光... 命令，弹出 扩散亮光 对话框，如图 10.4.25 所示。

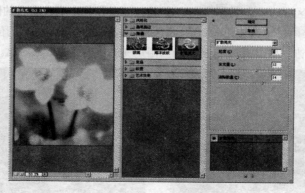

图 10.4.25　"扩散亮光"对话框

粒度(G)：可用来调整杂点颗粒数量，输入数值范围为 0～10。数值较大时，图像中杂点的数量也

较多，随着数值的降低，图像中杂点的数量将逐渐减少。

发光量(L)：可设置光的散射强度，输入数值范围为 0～20。数值越大，光越强烈；数值较小时，图像将保持原来的结果。

清除数量(C)：可设置杂点的清晰度。输入数值范围为 0～20。当数值为 0 时，则看不清原图像。

应用扩散亮光滤镜前后的效果对比如图 10.4.26 所示。

图 10.4.26　应用扩散亮光滤镜前后的效果对比

4．切变

切变可以使图像沿着指定的曲线形状扭曲。选择菜单栏中的 **滤镜(T)** → **扭曲** → **切变...** 命令，弹出 **切变** 对话框，如图 10.4.27 所示。

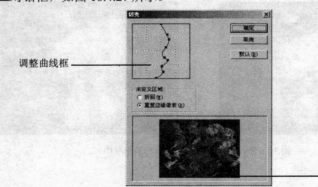

调整曲线框

预览框

图 10.4.27　"切变"对话框

在对话框左上角的曲线框中可以通过调整曲线上的任意点来调整扭曲的形状。

在 **未定义区域:** 选项区中选中 **折回(W)** 单选按钮，可使图像中弯曲出去的图像在相反方向的位置显示；选中 **重复边缘像素(R)** 单选按钮，则弯曲出去的图像不会在相反方向的位置显示。

单击 **确定** 按钮。如图 10.4.28 所示为应用切变滤镜前后的效果对比。

图 10.4.28　应用切变滤镜前后的效果对比

5. 球面化

利用球面化滤镜可以在水平方向或垂直方向上球面化图像。球面化滤镜可以使选区中的图像或图层中的图像产生一种球面扭曲的立体效果。选择 滤镜(T) → 扭曲 → 球面化... 命令，弹出 球面化... 对话框，如图 10.4.29 所示。

在 数量(A) 文本框中输入数值设置球面化的数值。

在 模式 下拉列表中选择球面化的模式，包括 正常 、 水平优先 、 垂直优先 3 种模式。选择 水平优先 选项只在水平方向球面化；选择 垂直优先 选项时只在垂直方向进行球面化处理。

应用球面化滤镜前后的效果对比如图 10.4.30 所示。

图 10.4.29　"球面化"对话框

图 10.4.30　应用球面化滤镜前后的效果对比

6. 水波

水波滤镜可以使图像产生不同波长形状的波动效果。选择 滤镜(T) → 扭曲 → 水波... 命令，弹出 水波 对话框，如图 10.4.31 所示。

在 数量(A) 文本框中输入数值，可设置产生水波的数值；在 起伏(R) 文本框中输入数值，可设置波的高度。在 样式(S) 选项区中可选中"围绕中心""从中心向外"或"水池波纹"单选按钮，设置波的形状。

应用水波滤镜前后的效果对比如图 10.4.32 所示。

图 10.4.31　"水波"对话框

图 10.4.32　应用水波滤镜前后的效果对比

7. 旋转扭曲

旋转扭曲滤镜可以使图像产生旋转风轮的效果，中心的旋转程度比边缘的旋转程度大，一般用于制作漩涡效果。具体的操作如下：

（1）打开一幅图像，选择 滤镜(T) → 扭曲 → 旋转扭曲... 命令，弹出"旋转扭曲"对话框。

（2）在 角度(A) 文本框中输入数值，设置旋转图像时的角度，输入数值范围为－900～900。

（3）设置相关的参数后，单击 确定 按钮，效果如图 10.4.33 所示。

图 10.4.33　应用旋转扭曲滤镜前后的效果对比

8．极坐标

极坐标滤镜可以将图像从平面坐标转换为极坐标，也可将图像从极坐标转换为平面坐标，从而使图像产生弯曲变形的效果。

9．扩散亮光

扩散亮光滤镜用于产生弥漫的光亮效果，该滤镜可将图像渲染成像是透过一个柔和的扩散滤色片来观看的效果。它将透明的白色杂点添加到图像中，并从选区的中心向外渐隐亮光。使用此滤镜会使图像中较亮的区域产生一种光照的效果。

10．挤压

挤压滤镜是对图像进行向内或向外的挤压，使图像产生一定幅度的整体变形。此滤镜有时可以模拟相机镜头在调节为不同焦距后所拍摄的图片效果。

10.4.5　锐化滤镜组

锐化滤镜组主要通过增加相邻像素之间的对比度来减弱和消除图像的模糊程度，使图像变得更加清晰，从而达到锐化的效果。此滤镜组包括 USM 锐化、进一步锐化、锐化、锐化边缘和智能锐化 5 种。

1．USM 锐化

使用 USM 锐化滤镜可以在图像边缘的两侧分别制作一条明线或暗线，以调整其边缘细节的对比度，最终使图像的边缘轮廓锐化。选择 滤镜(T) → 锐化 → USM 锐化... 命令，弹出 USM 锐化 对话框，如图 10.4.34 所示。

图 10.4.34　"USM 锐化"对话框

在 **数量(A):** 文本框中输入数值，可设置锐化的程度。

在 **半径(R):** 文本框中输入数值，可设置边缘像素周围影响锐化的像素数。

在 **阈值(T):** 文本框中输入数值，可设置锐化的相邻像素之间的最低差值。

应用 USM 锐化滤镜前后的效果对比如图 10.4.35 所示。

图 10.4.35　应用 USM 锐化滤镜前后的效果对比

2．锐化

锐化滤镜可以提高相邻像素之间的对比度，使图像更加清晰。使用该命令时无参数设置对话框。打开一幅图像，选择 **滤镜(T)** → **锐化** → **锐化** 命令，系统将自动对图像进行调整，应用锐化滤镜前后的效果对比如图 10.4.36 所示。

图 10.4.36　应用锐化滤镜前后的效果对比

3．进一步锐化

进一步锐化滤镜可以产生强烈的锐化效果，用于提高图像的对比度和清晰度。此滤镜处理的图像效果比 USM 锐化滤镜更强烈。

10.4.6　视频滤镜

视频滤镜属于 Photoshop CS3 的外部接口程序，它是一组控制视频工具的滤镜，用于从摄像机输入图像或将图像输出到录像带上。

1．逐行

逐行滤镜通过移去视频图像中的奇数或偶数隔行线，使在视频上捕捉的运动图像变得平滑。

2．NTSC 颜色

NTSC 颜色滤镜可以匹配图像色域以适合 NTSC 视频标准色域，使图像可被电视接受。

10.4.7　素描滤镜组

素描滤镜组可以使图像产生模拟素描、手工速写或绘制艺术图像效果，也可产生三维效果。该滤镜组中的大多数滤镜都需要前景色与背景色的配合来产生不同的效果。此滤镜组包括半调图案、便条纸、粉笔和炭笔、铬黄、绘图笔、基底凸现、水彩画纸、撕边、塑料效果、炭笔、炭精笔、图章、网状和影印 14 种。

1. 半调图案

半调图案滤镜使用前景色和背景色在当前图像中重新添加颜色，使图像产生网状图案效果。选择 滤镜(T) → 素描 → 半调图案... 命令，弹出 半调图案 对话框，如图 10.4.37 所示。

图 10.4.37　"半调图案"对话框

在 大小(S) 文本框中输入数值可设置图案的大小；在 对比度(C) 文本框中输入数值可设置图像中前景色和背景色的对比度；在 图案类型(P) 下拉列表中可选择产生的图案类型，包括圆形、网点和直线 3 种类型。应用半调图案滤镜前后的效果对比如图 10.4.38 所示。

图 10.4.38　应用半调图案滤镜前后的效果对比

2. 图章

图章滤镜可根据图像中的明暗平衡数值来生成一种类似图章效果的单色图像。如图 10.4.39 所示为应用图章滤镜前后的效果对比。

图 10.4.39　应用图章滤镜前后的效果对比

3．水彩画纸

水彩画纸滤镜可以使图像产生在潮湿的纤维纸上绘画并进行涂抹，使颜色流动并混合的效果。如图 10.4.40 所示为应用水彩画纸滤镜前后的效果对比。

图 10.4.40　应用水彩画纸滤镜前后的效果对比

4．影印

影印滤镜可用前景色与背景色来模拟影印图像效果，图像中的较暗区域显示为背景色，较亮区域显示为前景色。应用影印滤镜前后的效果对比如图 10.4.41 所示。

图 10.4.41　应用影印滤镜前后的效果对比

5．铬黄

铬黄滤镜可以模拟发光的液态金属效果，使图像产生金属质感效果。

6．基底凸现

基底凸现滤镜可以使图像产生一种较为粗糙的浮雕效果，图像中较暗的区域使用前景色，而较亮的区域使用背景色。

7．撕边

使用撕边滤镜可重建图像，使其产生类似粗糙、撕破的纸片状的效果，然后使用前景色与背景色为图像着色。

8．炭精笔

炭精笔滤镜可以模拟蜡笔的效果。使用此滤镜可以在图像上模拟纯黑色和纯白色的炭精笔纹理。炭精笔滤镜在图像中将色调较暗的区域填充前景色，较亮的区域填充背景色。为了得到更加逼真的效果，可以在应用滤镜之前将前景色设置为常用的炭精笔颜色（如黑色、深褐色和血红色）。

9．塑料包装

塑料包装滤镜可以产生一种类似塑料被融化的效果，此滤镜所使用的图像颜色为前景色。

10.4.8 纹理滤镜组

纹理滤镜组可为图像添加各种纹理，产生深度感和材质感。此滤镜组包括龟裂缝、颗粒、马赛克拼贴、拼缀图、染色玻璃和纹理化 6 种。

1. 龟裂缝

龟裂缝滤镜可使图像产生凹凸不平的浮雕或石制品特有的龟裂缝效果。选择 滤镜(T) → 纹理 → 龟裂缝... 命令，弹出"龟裂缝"对话框，如图 10.4.42 所示。

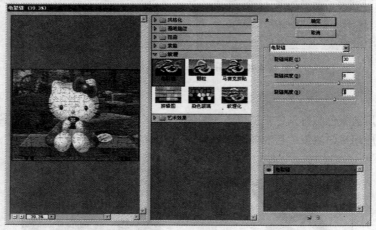

图 10.4.42 "龟裂缝"对话框

在 裂缝间距(S) 文本框中输入数值，可调整裂痕纹理的间距，输入数值范围为 2～100。参数设置为 100 时，图像中有非常稀疏的裂纹。

在 裂缝深度(D) 文本框中输入数值，可调整裂痕的深度，输入数值范围为 0～10。当该数值设为 0 时，裂痕非常浅；数值设为 10 时，图像变得非常暗以至失去了原来的面目。

在 裂缝亮度(B) 文本框中输入数值，可调节裂痕的亮度，输入数值范围为 0～10。当该数值设为 0 时，裂痕将表现为黑色，设置值过高时，图像由于过亮而失去了它应有的特性。

设置好参数后，单击 确定 按钮。应用龟裂缝滤镜前后的效果对比如图 10.4.43 所示。

图 10.4.43 应用龟裂缝滤镜前后的效果对比

2. 染色玻璃

染色玻璃滤镜可以使图像产生不规则的玻璃网格，每一格的颜色由该格的平均颜色来显示。应用染色玻璃滤镜前后的效果对比如图 10.4.44 所示。

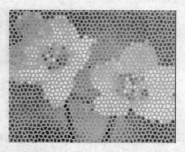

图 10.4.44　应用染色玻璃滤镜前后的效果对比

3．纹理化

纹理化滤镜可以为图像添加预设的纹理或自己创建的纹理效果。应用纹理化滤镜前后的效果对比如图 10.4.45 所示。

图 10.4.45　应用纹理化滤镜前后的效果对比

4．拼缀图

拼缀图滤镜将图像分解为若干个方块，把每个方块中所有的像素颜色平均，作为该方块的颜色，从而产生一种墙壁贴瓷砖的效果。、

5．颗粒

颗粒滤镜可通过模拟不同种类的颗粒（如常规、软化、喷洒、结块、强反差、扩大、点刻、水平、垂直和斑点），在图像中随机添加纹理。

6．马赛克拼图

马赛克拼图滤镜通过将图像中具有相似色彩的所有像素变为相同的颜色，来模拟马赛克的效果。此滤镜与点状化滤镜相似。

10.4.9　像素化滤镜组

像素化滤镜组主要是通过将相似颜色值的像素转化成单元格从而使图像分块或平面化。此滤镜组包括彩块化、彩色半调、点状化、晶格化、马赛克、碎片和铜版雕刻 7 种。

1．彩色半调

使用彩色半调滤镜可以在图像中的每个通道上添加一层半调网点的效果。如图 10.4.46 所示为应用彩色半调滤镜前后的效果对比。

图 10.4.46　应用彩色半调滤镜前后的效果对比

2. 点状化

点状化滤镜可将图像中的颜色分散为随机分布的网点，且用背景色来填充网点之间的区域，从而实现点描画的效果。应用点状化滤镜前后的效果对比如图 10.4.47 所示。

图 10.4.47　应用点状化滤镜前后的效果对比

3. 马赛克

马赛克滤镜可以使图像中颜色相似的像素结合形成单一颜色的方块，产生马赛克拼图的效果。应用马赛克滤镜前后的效果对比如图 10.4.48 所示。

图 10.4.48　应用马赛克滤镜前后的效果对比

4. 晶格化

晶格化滤镜可以在图像的表面产生结晶颗粒，使相近的像素集结形成一个多边形网格。通过调整对话框中的 单元格大小(C) 数值可设置网格大小，取值范围在 3～300 之间，数值较大时会使图像失去原本的面目。如图 10.4.49 所示为应用晶格化滤镜前后效果对比。

图 10.4.49　应用晶格化滤镜前后效果对比

5．铜版雕刻

铜版雕刻滤镜可将图像转换为黑白区域的随机图案或彩色图像中完全饱和颜色的随机图案。使用此滤镜时，可从 铜版雕刻 对话框中的 类型 下拉列表中选择不同的网点图案，以产生不同效果的图像。

10.4.10　渲染滤镜组

渲染滤镜组主要用来模拟光线照明效果，它可以模拟不同的光源效果，使图像产生光照、云彩或镜头光晕等效果。此滤镜组包括分层云彩、光照效果、镜头光晕、纤维和云彩 5 种。

1．光照效果

光照效果滤镜是 Photoshop CS3 中较复杂的滤镜，可对图像应用不同的光源、光类型和光的特性，也可以改变基调、增加图像深度和聚光区。选择菜单栏中的 滤镜(T) → 渲染 → 光照效果... 命令，弹出 光照效果 对话框，如图 10.4.50 所示。

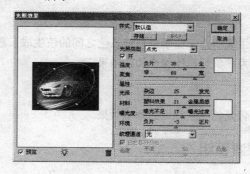

图 10.4.50　"光照效果"对话框

其中，样式：用于选择光照样式。

光照类型：用于选择灯光类型，包括平行光、全光源、点光。

强度：用于控制光源的强度，还可以在右边的颜色框中选择一种灯光的颜色。

聚焦：可以调节光线的宽窄。此选项只有在选择光照类型为点光时可使用。

属性：此选项区中 光泽：后面的滑块可用于调节图像的反光效果；材料：后面的滑块可用于控制光线或光源所照射的物体是否产生更多的折射；曝光度：用于控制光线明暗度；环境：可用于设置光照范围的大小。

纹理通道：在此下拉列表中可以选择一个通道，即将一个灰色图像当做纹理来使用。

单击 确定 按钮，如图 10.4.51 所示为应用光照效果滤镜前后的效果对比。

图 10.4.51　应用光照效果滤镜前后的效果对比

2. 镜头光晕

镜头光晕滤镜可给图像添加摄像机镜头炫光效果，也可自动调节摄像机炫光位置。应用镜头光晕滤镜前后的效果对比如图 10.4.52 所示。

图 10.4.52　应用镜头光晕滤镜前后的效果对比

3. 云彩

云彩滤镜可以在图像的前景色和背景色之间随机地抽取像素，再将图像转换为柔和的云彩效果。

4. 分层云彩

分层云彩滤镜使用随机生成的介于前景色与背景色之间的值生成云彩图案，相当于将图像进行云彩处理后，再将图像模式设为差值与原图像叠加的效果。

5. 纤维

纤维滤镜利用前景色和背景色产生纤维的外观效果。

10.4.11　艺术效果滤镜组

艺术效果滤镜组仅用于 RGB 色彩模式和多通道色彩模式的图像，而不能在 CMYK 或 Lab 模式下工作。它们都要求图像的当前层不能为全空。这组滤镜可以制作各种各样的艺术效果，可独立发挥作用，也可配合其他滤镜效果使用，以取得理想的效果。此滤镜组包括壁画、彩色铅笔、粗糙蜡笔、底纹效果、雕色刀、干画笔、海报边缘、海绵、绘画涂抹、胶片颗粒、木刻、霓虹灯光、水彩、塑料包装和涂抹棒 15 种。

1. 塑料包装

塑料包装滤镜可以在图像表面显示出一层发光的塑料效果来强调图像的细节。选择 **滤镜(T)** → **艺术效果** → **塑料包装...** 命令，弹出 **塑料包装** 对话框，如图 10.4.53 所示。

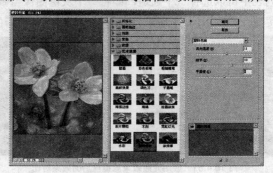

图 10.4.53　"塑料包装"对话框

在 高光强度(H) 文本框中输入数值，可设置图像表面光亮度。

在 细节(D) 文本框中输入数值，可设置塑料包装边缘的细节。输入的数值越大，其细节越明显。

在 平滑度(S) 文本框中输入数值，可设置产生效果的平滑程度。

设置好参数后，单击 确定 按钮。应用塑料包装滤镜前后的效果对比如图 10.4.54 所示。

图 10.4.54　应用塑料包装滤镜前后的效果对比

2．干画笔

干画笔滤镜通过将图像的颜色范围降到普通颜色范围来简化图像，使画面产生一种不饱和、不湿润、干枯的油画效果。应用干画笔滤镜前后的效果对比如图 10.4.55 所示。

图 10.4.55　应用干画笔滤镜前后的效果对比

3．木刻

木刻滤镜是利用版画和雕刻原理来处理图像，使图像看起来好像是由粗糙剪切的彩纸组成的。应用木刻滤镜前后的效果对比如图 10.4.56 所示。

图 10.4.56　应用木刻滤镜前后的效果对比

4．海报边缘

海报边缘滤镜可以将图像转换为海报招贴画的效果。此滤镜根据设置海报化选项来减少图像中的颜色数量并查找图像的边缘，在边缘上绘制出黑色线条。

5. 海绵

海绵滤镜使用颜色对比强烈、纹理较重的区域创建图像,使图像产生像是用海绵绘制出来的效果。

6. 粗糙蜡笔

粗糙蜡笔滤镜使图像看上去好像是用彩色蜡笔在有纹理的背景上描边。在图像中较亮的区域中,涂抹的蜡笔痕迹看上去很厚,几乎看不见纹理;在较暗的区域中,痕迹似乎被擦除,使纹理显露出来。

7. 涂抹棒

涂抹棒滤镜用于模拟用粉笔和蜡笔在纸上涂抹出来的效果。此滤镜使用短的对象线来涂抹图像的较暗区域以柔化图像,使图像中的亮区变得更亮,以致失去细节。

8. 胶片颗粒

胶片颗粒滤镜可以产生一种胶片颗粒纹理的效果,通过向图像中的高光区和暗调区增加噪波来确定图像局部调亮的范围和程度。

9. 调色刀

调色刀滤镜通过减少图像中的细节以生成描绘得很淡的画布效果,使整个图像中的暗调区域变得更黑。

10. 霓虹灯光

霓虹灯光滤镜可以产生彩色霓虹灯照射的效果。此滤镜可将各种类型的发光添加到图像中,使图像产生一种奇特的效果。

11. 彩色铅笔

彩色铅笔滤镜使用彩色铅笔在纯色背景上绘制图像,保留重要边缘,使图像外观呈现出比较粗糙的阴影线,其纯色背景色透过比较平滑的区域显示出来。

10.4.12 杂色滤镜组

使用杂色滤镜组可以添加或减少图像中的杂色。此滤镜组包括减少杂色、蒙尘与划痕、去斑、添加杂色和中间值 5 种。

1. 中间值

中间值滤镜可以减少所选择部分像素亮度混合时产生的杂点。应用中间值滤镜前后的效果对比如图 10.4.57 所示。

图 10.4.57　应用中间值滤镜前后的效果对比

2．添加杂色

添加杂色滤镜可以在图像中添加随机像素，也可用于羽化选区或渐变填充中过渡区域的修饰。应用添加杂色滤镜前后的效果对比如图 10.4.58 所示。

图 10.4.58　应用添加杂色滤镜前后的效果对比

3．去斑

去斑滤镜主要用于消除图像中的斑点，此滤镜可对图像或选区内的图像稍加模糊，来遮蔽斑点或折痕。使用去斑滤镜可以在不影响原图像整体效果的情况下，对细小、轻微的杂点进行柔化，从而达到去除杂点的目的。

4．蒙尘和划痕

蒙尘和划痕滤镜可以搜索图像中存在的缺陷并使其融入周围的像素中，对去除扫描图像中的杂点和折痕非常有用，该滤镜可以去除大而明显的杂点。

10.4.13　其他滤镜组

其他滤镜组主要用于修饰图像的部分细节，同时也可以创建一些用户自定义的特殊效果。此滤镜组包括高反差保留、位移、自定、最大值和最小值 5 种。

1．位移

位移滤镜可以将图像水平或垂直移动一定的数量，移动留下的空白区域可用图像的折回部分或图像边缘像素填充。选择 滤镜(T) → 其它 → 位移... 命令，弹出 位移 对话框，如图 10.4.59 所示。

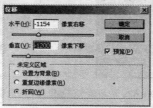

图 10.4.59　"位移"对话框

在 水平(H): 文本框中输入数值，可设置图像在水平方向上向左或向右的偏移量。在 垂直(V): 文本框中输入数值，可设置图像在垂直方向上向上或向下的偏移量。

在 未定义区域 选项区中，选中 ⊙设置为背景(B) 单选按钮，可将图像移动后留下的空白区域以透明色填充；选中 ⊙重复边缘像素(R) 单选按钮，可将图像移动后留下的空白区域用图像边缘的像素填充；选中 ⊙折回(W) 单选按钮，可将图像移动后的区域用图像折回部分填充。

设置好参数后，单击 确定 按钮。应用位移滤镜前后的效果对比如图 10.4.60 所示。

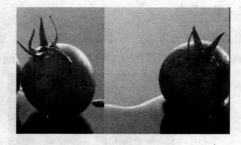

图 10.4.60　应用位移滤镜前后的效果对比

2．高反差保留

高反差保留滤镜可以删除图像中亮度逐渐变化的部分，并保留色彩变化最大的部分。该滤镜可以使图像中的阴影消失而使亮点部分更加突出，如图 10.4.61 所示。

图 10.4.61　应用高反差保留滤镜前后的效果对比

3．最大值

最大值滤镜可以强化图像中的亮色调并减弱暗色调。应用最大值滤镜前后的效果对比如图 10.4.62 所示。

图 10.4.62　应用最大值滤镜前后的效果对比

4．自定

自定滤镜可以使用户自己创建过滤器，使用滤镜修改蒙版，在图像中使选区发生位移和快速调整颜色。

5．最小值

最小值滤镜可以放大图像中的暗区并减少亮区，通过应用图像中的通道来缩小亮区，或用于为某一图像进行补漏时的收缩效果。

10.5　典型实例——绘制游泳圈

本节综合运用前面所学的知识绘制游泳圈，最终效果如图 10.5.1 所示。

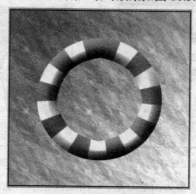

图 10.5.1　最终效果图

（1）选择菜单栏中的 文件(F) → 新建(N)... 命令，在弹出的 新建 对话框中设置 宽度(W): 为 10 cm，高度(H): 为 10 cm， 颜色模式(M): 为 RGB 颜色，单击 确定 按钮，新建一个图像文件。

（2）设置前景色为绿色，背景色为白色。选择菜单栏中的 滤镜(T) → 素描 → 半调图案 命令，弹出 半调图案 对话框，设置参数如图 10.5.2 所示。

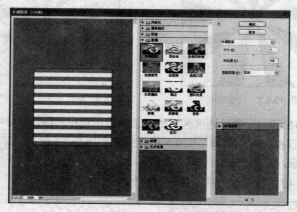

图 10.5.2　"半调图案"对话框

（3）单击 确定 按钮，图像效果如图 10.5.3 所示。

（4）选择菜单栏中的 图像(I) → 旋转画布(E) → 90 度(顺时针)(9) 命令，将图像旋转 90°，如图 10.5.4 所示。

图 10.5.3　使用半调图案后的效果

图 10.5.4　旋转图像效果

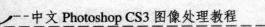
（5）选择菜单栏中的 滤镜(T) → 扭曲 → 极坐标... 命令，在弹出的 极坐标 对话框中设置参数如图 10.5.5 所示。

（6）单击 确定 按钮，图像效果如图 10.5.6 所示。

图 10.5.5　极坐标对话框

图 10.5.6　使用极坐标滤镜后的效果

（7）在背景层上双击，将其转换为图层 0 层，单击工具箱中的椭圆选框工具按钮 ，按住"Shift"键在图像中创建正圆选区，如图 10.5.7 所示。

（8）按"Ctrl+Shift+I"键反选选区，按"Delete"键删除选区内的图像，效果如图 10.5.8 所示。

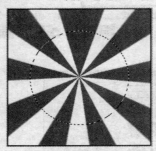

图 10.5.7　创建选区

图 10.5.8　删除反选选区内的图像效果

（9）再次按"Ctrl+Shift+I"键反选选区，然后选择菜单栏中的 选择(S) → 修改(M) → 收缩(C)... 命令，弹出 收缩选区 对话框，在 收缩量(C): 输入框中输入数值为 30 像素，单击 确定 按钮，收缩选区，如图 10.5.9 所示。

（10）按"Delete"键删除选区内的图像，效果如图 10.5.10 所示。

图 10.5.9　收缩选区

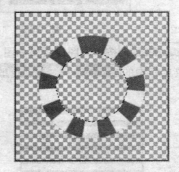

图 10.5.10　删除选区内的图像

（11）按"Ctrl+D"键取消选区，选择菜单栏中的 图层(L) → 图层样式(Y) → 斜面和浮雕(B)... 命令，设置参数如图 10.5.11 所示。

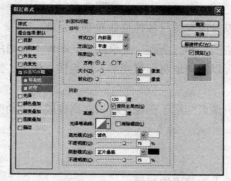

图 10.5.11　图层样式对话框中的斜面和浮雕选项设置

（12）单击　确定　按钮，图像效果如图 10.5.12 所示。

（13）新建图层 1 层，并将图层 1 层移至图层 0 层的下面，使用渐变工具在图层 1 层上从左上向右下拖动鼠标填充绿色到白色渐变，如图 10.5.13 所示。

（14）选择菜单栏中的 滤镜(T) → 扭曲 → 波纹... 命令，弹出 波纹 对话框，设置参数如图 10.5.14 所示。

图 10.5.12　应用图层样式后的效果

图 10.5.13　填充渐变效果

图 10.5.14　"波纹"对话框

（15）单击　确定　按钮，再按"Ctrl+F"键重复一次波纹滤镜，最终的游泳圈效果制作完成，如图 10.5.1 所示。

本 章 小 结

　　本章主要介绍了滤镜的基础知识、基本滤镜与特殊滤镜的功能、使用以及效果演示。通过本章的学习，让读者对各种滤镜的使用属性有所了解，并能够在以后的实际操作中，创作出各种特殊的艺术图像效果。

过 关 练 习

一、填空题

1. 滤镜菜单中的命令可用于_____或_____。

2. 大部分滤镜命令只能用于_____的图像，所有滤镜命令都可应用在_____。

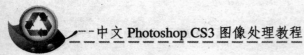

3．滤镜不能应用于_____与_____的图像中。

4．使用_____滤镜可以对图像进行各种扭曲和变形处理。

5．在_____、_____和_____模式下的图像不能使用滤镜。

6．使用_____滤镜可以快速地将图像变形，如旋转、镜像、膨胀、放射等，从而产生特殊的溶解、扭曲效果。

7．_____滤镜将随机像素应用于图像，模拟在高速胶片上拍照的效果，从而为图像添加一些细小的颗粒状像素。

二、选择题

1．按（ ）键可重复执行上次使用的滤镜。

(A) Ctrl+F　　　　(B) Ctrl+D　　　　(C) Ctrl+C　　　　(D) Ctrl+Alt+F

2．对图像进行膨胀、旋转、放射以及收缩等操作，可使用（ ）滤镜。

(A) 抽出　　　　(B) 液化　　　　(C) 扭曲　　　　(D) 旋转扭曲

3．（ ）滤镜用于为美术或商业项目制作绘画效果或艺术效果。

(A) 素描　　　　(B) 画笔描边　　　　(C) 艺术效果　　　　(D) 风格化

4．（ ）滤镜可以在图像的表面产生结晶颗粒，使相近的像素集结形成一个多边形网格。

(A) 晶格化　　　(B) 点状化　　　(C) 彩色半调　　　(D) 马赛克拼贴

三、简答题

1．简述使用抽出命令将图像与背景分离的过程。

2．简述滤镜的基本使用技巧与方法。

四、上机操作题

1．在图像中输入文字，并利用拼贴滤镜将其处理为如题图 10.1 所示的效果。

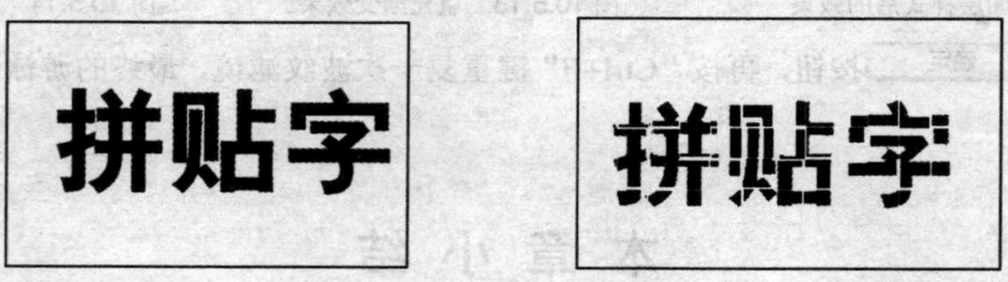

拼贴字　　　拼贴字

题图 10.1　拼贴字效果图

2．使用本章所学的滤镜工具制作如题图 10.2 所示的光环效果。

题图 10.2　光环效果

第11章 图像自动化处理

所谓图像自动化处理是指由电脑系统自动完成一系列的图像处理操作。如建立网站的过程中经常要对大量的图像采用同样的操作，如果一个个进行处理就比较复杂，也容易出错，使用 Photoshop CS3 提供的图像自动化处理功能，则可以方便高效地完成图像处理工作。本章主要介绍动作与自动化工具的功能与应用。

本章要点

➡ 动作功能

➡ 自动化工具

11.1 动 作 功 能

动作是 Photoshop 中非常重要的一个功能，它可以详细记录处理图像的全过程，也就是说将 Photoshop 的一系列命令组合为一个独立的动作，并且可以在其他的图像中使用，这对于需要进行相同处理的图像是非常方便、快速的。动作的主要特点有：

（1）可以将一系列命令组合为单个动作，从而使任务执行自动化。这个动作可以在以后的应用中反复使用。

（2）可以创建一个动作，使该动作所应用的一系列滤镜效果（或组合命令）能够快速处理同类图像，实现同种特效。此外，由于动作可被编组为序列，因此可以很好地组织它们。

（3）可以同时处理批量的图片，也可以在一个文件或一批文件上使用相同的动作。

（4）使用 动作× 面板可记录、播放、编辑和删除动作，还可以存储、载入和替换动作序列。

为了更直观地体现动作功能，现执行一个动作，如图 11.1.1 所示。具体操作方法如下：

（1）打开如图 11.1.1（a）所示的图像。

（2）在 动作× 面板中选择 细雨 动作，并单击 动作× 面板底部的"播放选定的动作"按钮 ▶ ，即可在图像上执行所选的动作，如图 11.1.2 所示。细雨效果如图 11.1.1（b）所示。

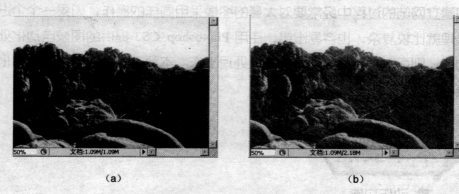

（a）   （b）

图 11.1.1　应用"细雨"动作的效果对比

图 11.1.2　选择动作

动作可以是系统提供的，也可以根据自己的需要来创建，创建动作实际上就是将一系列的操作记录到动作中，以便在执行该动作时重复这些操作。

11.1.1 动作面板

动作的大多数操作都可以通过 动作× 面板来完成。在 Photoshop 中将多个动作组合为一个序列，并以文件的形式将其存储，序列也就是一个动作库，因此可以从序列中找到需要的动作。

使用 动作× 面板可以记录、播放、编辑和删除动作，也可以存储、载入和替换动作命令。要显示该面板，可选择菜单栏中的 窗口(W) → 动作 命令或按"F9"键即可，如图 11.1.3 所示。

图 11.1.3 动作面板

1. 动作序列

动作序列也称为动作库，Photoshop 提供了多种动作序列，如默认动作、图像效果、纹理等，每一个动作序列中都包含多个动作。

在 动作× 面板中每一个动作库都被包含在文件夹 中，单击该图标左侧的三角形图标 ，可使其变为 图标，即可展开该动作库，如图 11.1.4 所示。

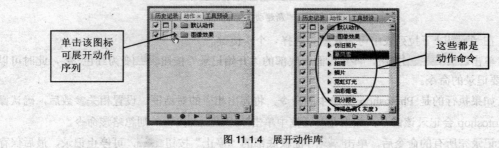

图 11.1.4 展开动作库

2. 动作名称

每一个动作序列或动作都有一个名称，以便于用户识别。

3. 切换项目开/关

如果项目框显示为空白，则表示该动作不能被播放；如果显示为红色的"√"标记，则表示该动作中有部分动作不能正常播放；如果显示为黑色的"√"标记，则表示该动作中的所有动作都能正常播放。

4. 功能按钮

在 动作× 面板中提供了一些功能按钮，其含义如下：

"开始记录"按钮 ：单击此按钮，可以开始录制一个新的动作，在录制的过程中，该按钮将显示为红色。

"播放选定动作"按钮 ▶：单击此按钮，可以播放当前选定的动作。

"停止"按钮 ■：单击此按钮，可以停止正在播放的动作，或在录制新动作时暂停动作的录制。

"创建新组"按钮 ：单击此按钮，可以新建一个动作序列。

"创建新动作"按钮 ：单击此按钮，可以新建一个动作。

"删除动作"按钮 ：单击此按钮，可以删除当前选定的动作或动作序列。

5．动作面板菜单

单击 动作× 面板右上角的 ≡ 按钮，可弹出面板菜单，从中可选择动作库的名称、动作的状态以及对动作的编辑等操作。

11.1.2 记录动作

除了可以使用系统提供的动作外，用户还可以根据自己的需要，将重复执行的一系列操作创建为动作，便于以后可以重复使用。创建并记录一个新动作的操作方法如下：

（1）打开一幅图像，在 动作× 面板底部单击"创建新动作"按钮 ，或在面板菜单中选择 新建动作... 命令，弹出 新建动作 对话框，如图 11.1.5 所示。

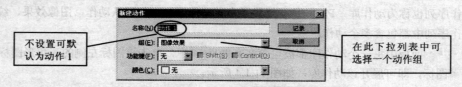

图 11.1.5　"新建动作"对话框

（2）在 功能键(F): 下拉列表中可为新动作选择一个快捷键。

（3）单击 记录 按钮， 动作× 面板底部的"开始记录"按钮 ● 变为红色 ●，此时可以开始执行要记录的命令。

（4）如果执行的是 Photoshop 菜单中的命令，将弹出相应的对话框，设置相关参数后，确认操作，则 Photoshop 会记录该命令；如果在对话框中单击 取消 按钮，则忽略该命令。

（5）记录完所有的命令后，单击 动作× 面板底部的"停止"按钮 ■，可停止记录，最后保存记录的动作以备将来使用。

11.1.3 编辑动作

在 Photoshop 中，无论是系统提供的动作，还是用户自定义的动作，都可以进行编辑与修改。编辑动作的操作包括复制、移动、删除以及更改内容等。

1．更改动作中的内容

在 动作× 面板中，可重新添加或删除一个动作中的命令，还可以将命令移到不同的动作中。更改动作的方法有插入、再次记录和在不同动作之间拖动等方式。

插入新的命令：选择要插入命令的动作名称，在 动作× 面板底部单击"开始记录"按钮 ●，执行要添加的命令，单击"停止"按钮 ■ 停止记录。

为命令赋予新参数值：在 动作× 面板菜单中选择 再次记录... 命令，可以为动作中带对话框的命令赋予新参数值。执行该命令时，Photoshop 会执行选定的动作，并在执行到带对话框的命令时暂停，以便输入新参数值。其具体的操作方法如下：

　　（1）选择需要更改的动作，在 动作× 面板菜单中选择 再次记录... 命令。

　　（2）弹出 新建快照 对话框，在其中设置参数，单击 确定 按钮，Photoshop 便会记录新值。

2．动作的复制与删除

通过复制动作，可以快速创建相似的一类动作，也可以用在修改动作前做备份。复制动作及其命令的方法有以下 3 种：

　　（1）将动作或命令拖至 动作× 面板底部的"创建新动作"按钮 上，即可复制该动作。

　　（2）按住"Alt"键的同时将要复制的命令或动作拖至 动作× 面板中的新位置。

　　（3）选择要复制的动作或命令，在 动作× 面板菜单中选择 复制 命令即可复制。

要删除一个动作或其中的命令，可在 动作× 面板中选择要删除的动作或命令，然后单击面板底部的"删除动作"按钮 即可。

11.1.4　管理动作

使用 动作× 面板可以方便地对动作进行管理，主要包括选择动作、序列管理以及载入动作等操作。

1．选择动作

在 动作× 面板中进行复制或删除动作之前，都需要先选择动作或命令。要选择单个动作或命令，其方法很简单，只须单击该动作或命令即可；如果要选择多个动作或命令，则可按以下的方法来完成。

　　（1）单击某个动作，然后按住"Shift"键并单击另一个动作，此时两个动作之间的所有动作均被选择。

　　（2）按住"Ctrl"键并依次单击多个动作或命令，可选择多个不连续的动作或命令。

　　　　提示：要选择多个动作，则必须确认要选择的多个动作位于同一个序列之中。

2．序列管理

创建了新序列或对现有序列中的动作进行修改后，可在 动作× 面板菜单中选择 存储动作... 命令，对其进行保存。

3．载入动作

默认情况下，动作× 面板中只有一个缺省的动作序列，如果要将其他动作序列载入面板中，可选择面板菜单中的 载入动作... 命令，或者直接单击面板菜单底部的动作序列名称。

11.2　自动化工具

Photoshop CS3 软件提供的自动化命令可以十分轻松地完成大量的图像处理过程，从而减少工作时间，自动化工具被集成在 文件(E) → 自动(M) 菜单中。

11.2.1 批处理

在 Photoshop CS3 中使用动作功能，只能针对当前图像，如果要将动作同时应用于批量图像文件，就可以使用 Photoshop CS3 提供的批处理功能。批处理是动作功能的延伸，它是对同一个文件夹中的所有文件（包括同一文件夹中的子文件）进行成批的动作处理。在进行批处理时，Photoshop 会自动打开指定文件夹内的所有文件，执行指定的动作，然后关闭文件并存储对原文件的更改，或将修改后的文件存储到新的位置。

选择菜单栏中的 `文件(F)` → `自动(U)` → `批处理(B)...` 命令，弹出如图 11.2.1 所示的"批处理"对话框。

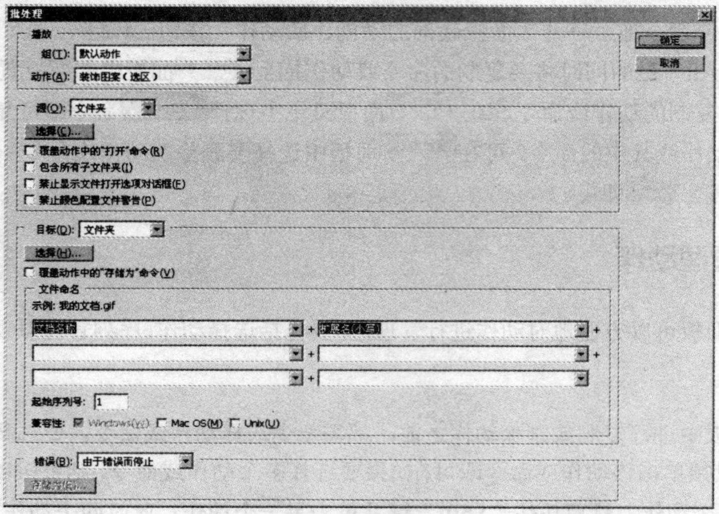

图 11.2.1 "批处理"对话框

1．播放选项设置

在 `播放` 选项区中可设置批处理命令所调用的动作。设置时，先在 `组(I):` 下拉列表中选择须执行的动作所在的序列名，然后在 `动作×` 下拉列表中选择需要执行的动作。

2．源选项设置

在 `源(Q):` 选项区中可设置被处理图片的来源，在 `文件夹` 下拉列表中提供了以下几种选项：

文件夹：对指定文件夹中的文件执行动作，单击 `选取(C)...` 按钮，可选择文件夹。

导入：将来自数码相机或扫描仪的图像导入并对其执行动作。

打开的文件：对所有已打开的文件执行动作。

文件浏览器：对在文件浏览器中所选的文件执行动作。

可在 `源(Q):` 选项区中设置源选项参数，含义分别介绍如下：

□ `覆盖动作中的"打开"命令(R)` 复选框：如果想让动作中的"打开"命令引用批处理中指定的源文件而不是动作中指定的文件，则选中此复选框，前提是动作必须包含一个"打开"命令。如果记录的动作是在打开的文件上操作的，或者动作包含它所需的特定文件的"打开"命令，则不需要选中该复选框。

□ `包含所有子文件夹(I)` 复选框：选择处理指定文件夹的子目录中的文件。

□ `禁止显示文件打开选项对话框(F)` 复选框：选择在执行动作时，是否打开文件选项对话框。

□ `禁止颜色配置文件警告(P)` 复选框：选择在执行动作时，是否关闭颜色方案信息的显示。

3．目标选项设置

目标(D):选项区用于设置在执行动作后，如何处理图片文件。在 无 下拉列表中提供了以下 3 种选项：

无：不保存执行动作后的文件（除非动作包括"存储"命令），并使文件保持打开状态。

存储并关闭：将文件存储在当前位置，并覆盖原来的文件。

文件夹：将处理的文件存储到另一位置，单击 选择(H)... 按钮，可选择目标文件夹。

如果动作中包含有"存储为"命令，可选中 □覆盖动作中的"存储为"命令(V) 复选框，将执行动作后的结果保存到批处理指定的文件夹中，而不是动作指定的文件夹中；如果不选中此复选框，则系统会将结果同时保存到这两个文件夹中。

4．文件命名选项设置

在 文件命名 选项区中可设置系统在保存文件时采用的文件命名规范，该选项区中包括多个下拉列表框，最终的文件名为这些下拉列表中的内容排列在一起的结果。用户可以在下拉列表中选择原文件的名称、日期等作为新文件名的一部分，也可以直接在下拉列表框中输入需要的文件的内容。但每个文件必须至少有一个唯一的栏（例如，文件名、序列号或字母）以防文件相互覆盖。

如果文件名中包含有序列号或字母，可在 起始序列号: 中指定起始的数字或字母。例如，被处理文件的原文件名分别为 a.psd，b.psd 和 c.psd，在 文件命名 选项区中按如图 11.2.2 所示的方式进行设置，则处理后的新文件名分别为 01a 图片.psd，01b 图片.psd 和 01c 图片.psd。

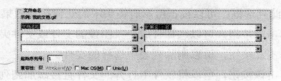

图 11.2.2　设置文件命名

设置好参数后，单击 确定 按钮，即可开始执行批处理，可以在屏幕上查看到系统自动完成某项（如打开文件、执行动作、保存关闭文件）操作的过程。

11.2.2　条件模式更改

应用"条件模式更改"命令，可以将当前选取的图像颜色模式转换成自定颜色模式。选择菜单栏中的 文件(F) → 自动(U) → 条件模式更改... 命令，弹出 条件模式更改 对话框，如图 11.2.3 所示。

图 11.2.3　"条件模式更改"对话框

其对话框中的各选项功能介绍如下：

源模式：用来设置将要转换的颜色模式。

目标模式：转换后的颜色模式。

11.2.3 Photomerge

应用此命令可以将局部图像自动合成为全景照片，该功能与"自动对齐图层"命令相同。选择菜单栏中的 文件(F) → 自动(U) → Photomerge... 命令，将弹出"Photomerge"对话框，如图 11.2.4 所示。

图 11.2.4 "Photomerge"对话框

其对话框中的各选项功能介绍如下：

版面 ：用来设置转换为前景图片时的模式。

源文件 ：在下拉菜单中可以选择 文件 和 文件夹 。选择 文件 时，可以直接将选择的两个以上的文件制作合并图像；选择 文件夹 时，可以直接将选择的文件夹中的文件制作成合并图像。

☑ 混合图像 ：选中此复选框后，应用"Photomerge"命令后会直接套用混合图像蒙版。

☑ 晕影去除 ：选中此复选框，可以校正摄影时镜头中的晕影效果。

☑ 几何扭曲校正 ：选中此复选框，可以校正摄影时镜头中的几何扭曲效果。

浏览(B)... ：单击此按钮，可以选择合成全景图像的文件或文件夹。

移去(R) ：单击此按钮，可以删除列表中选择的文件。

添加打开的文件(F) ：单击该按钮，可以将软件中打开的文件直接添加到列表中。

11.2.4 裁剪并修齐照片

"裁剪并修齐照片"命令可以将一次扫描的多幅图像分离出来，是一个非常实用且操作简单的自动化命令。打开需要处理的图像，选择菜单栏中的 文件(F) → 自动(U) → 裁剪并修齐照片 命令，即可自动对图像进行操作。

打开 4 幅图像，把各图像放在一个图层上，如图 11.2.5 所示，利用"裁剪并修齐照片"命令将各个图像分割为单独的文件，如图 11.2.6 所示。

图 11.2.5 裁剪前的文件

图 11.2.6 裁剪后生成单独的文件

11.2.5 限制图像

使用"限制图像"命令，可以将当前图像在不改变分辨率的情况下改变高度与宽度。选择菜单栏中的 文件(F) → 自动 (U) → 限制图像... 命令，将弹出 限制图像 对话框，如图 11.2.7 所示。

图 11.2.7 "限制图像"对话框

11.3 典型实例——制作文字效果

本节综合运用前面所学的知识制作文字效果，最终效果如图 11.3.1 所示。

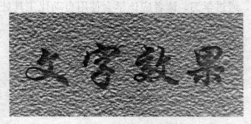

图 11.3.1 最终效果图

操作步骤

（1）选择 文件(F) → 新建 (N)... 命令，弹出"新建"对话框，设置参数如图 11.3.2 所示，单击 确定 按钮，新建一个图像文件。

（2）打开 动作× 面板，在 动作× 面板菜单中选择 纹理 选项，然后在纹理动作库中选择 砂纸 动作，在 动作× 面板底部单击"播放选定的动作"按钮 ▶ ，即可得到如图 11.3.3 所示的效果。

图 11.3.2 "新建"对话框

图 11.3.3 砂纸效果

（3）单击工具箱中的"文字工具"按钮 T，属性栏设置如图 11.3.4 所示。在画布中输入"文字效果"四个字，效果如图 11.3.5 所示。

图 11.3.4 文字属性栏

图 11.3.5 输入文字

（4）在 动作× 面板菜单中选择 文字效果 选项，然后在纹理动作库中选择 凹陷（文字） 动作，在 动作× 面板底部单击"播放选定的动作"按钮 ▶ ，即可得到如图 11.3.1 所示的最终文字效果。

本 章 小 结

本章介绍了 Photoshop CS3 中图像自动化处理的功能，包括动作面板的各项功能、创建与编辑动作以及自动化处理的工具等。通过学习，读者应该学会使用自动化工具处理图像的功能，以提高图像编辑的效率。

过 关 练 习

一、填空题

1. _____是对同一个文件夹中的所有文件进行成批次的动作处理。
2. _____是 Photoshop 中非常重要的一个功能，它可以详细记录处理图像的全过程。

二、上机操作题

使用 Photoshop 提供的动作功能，将如题图 11.1 所示的图像制作为如题图 11.2 所示的效果。

题图 11.1 原图

题图 11.2 效果图

提示：（1）在 动作× 面板菜单中选择 画框 选项，然后在画框动作库中选择 木质画框·50 像素 动作。

（2）在 动作× 面板底部单击"播放选定的动作"按钮 ▶ 即可。

第12章 综合实例应用

章前导航

为了更好地了解并掌握 Photoshop CS3 应用，本章准备了一些具有代表性的综合实例。所举实例由浅入深地贯穿本书的知识点，使读者通过本章的学习，能够熟练掌握该软件的强大功能。

本章要点

➡ 报纸广告设计

➡ 灯箱广告设计

➡ 公司 VI 设计

➡ DM 传单设计

➡ 建筑图后期处理

综合实例 1　报纸广告设计

**实例内容**

本例主要进行报纸广告设计，最终效果如图 12.1.1 所示。

图 12.1.1　最终效果图

**设计思路**

在制作过程中，将用到高斯模糊、径向模糊、凸出滤镜、变换功能以及图层样式效果等命令。

**操作步骤**

（1）按"Ctrl+N"键，弹出"新建"对话框，设置其对话框参数如图 12.1.2 所示。

图 12.1.2　"新建"对话框

（2）单击 ▇▇▇确定▇▇▇ 按钮，可新建一个图像文件，将背景图层填充为黑色。

（3）新建图层 1，单击工具箱中的"多边形套索工具"按钮 ，在图像中绘制如图 12.1.3 所示的选区。

（4）设置前景色为（C：85，M：50，Y：0，K：0），按"Alt+Delete"键填充选区，效果如

图 12.1.4 所示。

图 12.1.3 绘制选区

图 12.1.4 填充选区

（5）按"Ctrl+D"键取消选区，选择菜单栏中的 滤镜(T) → 模糊 → 高斯模糊... 命令，弹出 高斯模糊 对话框，设置参数如图 12.1.5 所示。

（6）单击 确定 按钮，应用高斯模糊滤镜的效果如图 12.1.6 所示。

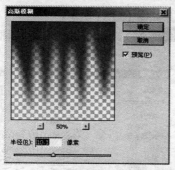

图 12.1.5 "高斯模糊"对话框

图 12.1.6 应用高斯模糊滤镜的效果

（7）选择菜单栏中的 图像(I) → 旋转画布(E) → 90 度(顺时针)(9) 命令，可将整个图像顺时针旋转 90°，如图 12.1.7 所示。

（8）选择菜单栏中的 滤镜(T) → 风格化 → 风... 命令，弹出 风 对话框，设置如图 12.1.8 所示。

图 12.1.7 旋转画布

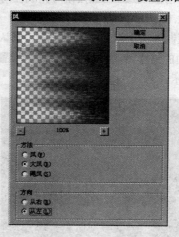

图 12.1.8 "风"对话框

（9）单击 确定 按钮完成风滤镜操作，再按"Ctrl+F"键两次，可重复执行风滤镜，效果如图 12.1.9 所示。

（10）选择菜单栏中的 图像(I) → 旋转画布(E) → 90度(逆时针)(0) 命令，可将整个图像逆时针旋转 90°，使图像恢复原状。

（11）选择菜单栏中的 滤镜(I) → 扭曲 → 极坐标... 命令，弹出 极坐标 对话框，设置参数如图 12.1.10 所示。

图 12.1.9　执行风滤镜效果　　　　　　　　图 12.1.10　"极坐标"对话框

（12）单击 确定 按钮，应用极坐标滤镜的效果如图 12.1.11 所示。

（13）选择菜单栏中的 滤镜(I) → 模糊 → 径向模糊... 命令，弹出 径向模糊 对话框，设置参数如图 12.1.12 所示。

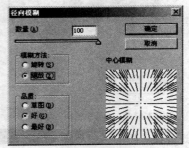

图 12.1.11　应用极坐标滤镜的效果　　　　　图 12.1.12　"径向模糊"对话框

（14）单击 确定 按钮可完成径向模糊操作，按"Ctrl+F"键，再次执行径向模糊滤镜，效果如图 12.1.13 所示。

（15）复制图层 1 得到图层 1 副本，确认图层 1 副本为当前所选图层，按住"Ctrl"键的同时单击图层 1 前面的缩览图，可载入其选区，设置前景色为白色，按"Alt+Delete"键填充选区，效果如图 12.1.14 所示。

图 12.1.13　应用径向模糊滤镜效果　　　　　图 12.1.14　填充选区

（16）取消选区，将图层 1 副本的混合模式设置为"叠加"，不透明度设置为"80%"，效果如图

12.1.15 所示。

图 12.1.15　改变图层属性后的效果

（17）按"Ctrl+O"键打开一幅汽车图像文件，如图 12.1.16 所示。

图 12.1.16　打开的汽车图像

（18）单击工具箱中的"魔棒工具"按钮 ，在图像中的绿色区域单击，可创建该区域的选区，按"Ctrl+Shift+I"键反选选区，选中图像中的汽车，使用移动工具将其移至前面制作的"报纸广告设计"文件中，可生成图层 2，调整图像的大小位置，如图 12.1.17 所示。

（19）选择菜单栏中的 图层(L) → 图层样式(Y) → 投影(D)... 命令，弹出 图层样式 对话框，设置参数如图 12.1.18 所示。

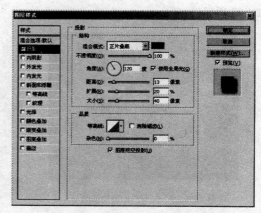

图 12.1.17　调整图像　　　　**图 12.1.18　"图层样式"对话框**

（20）单击 确定 按钮，添加投影样式后的效果如图 12.1.19 所示。

（21）新建图层 3，单击工具箱中的"矩形选框工具"按钮 ，在图像中拖动鼠标绘制如图 12.1.20 所示的选区。

图 12.1.19　添加投影效果

图 12.1.20　绘制选区

（22）设置前景色为橘红色，按"Alt+Delete"键填充选区，效果如图 12.1.21 所示。

（23）选择菜单栏中的 滤镜(T) → 风格化 → 凸出... 命令，弹出 凸出 对话框，设置参数如图 12.1.22 所示。

图 12.1.21　填充选区

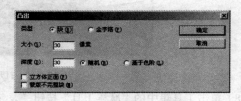

图 12.1.22　"凸出"对话框

（24）单击 确定 按钮，应用凸出滤镜的效果如图 12.1.23 所示。

（25）选择图层 3，在 图层 × 面板底部单击"添加图层蒙版"按钮 ，可为该图层添加图层蒙版，在工具箱中单击"渐变工具"按钮 ，在图像中从左下向右上拖动鼠标，可为蒙版填充渐变，效果如图 12.1.24 所示。

图 12.1.23　应用凸出滤镜的效果

图 12.1.24　为蒙版填充渐变

（26）将图层 3 移至图层 1 副本的下方，单击工具箱中的"横排文字工具"按钮 T ，在属性栏中设置字体与字号，在图像中输入文字，如图 12.1.25 所示。

（27）在文字工具属性栏中单击"创建文字变形"按钮 ，弹出 变形文字 对话框，设置参数如图 12.1.26 所示。

图 12.1.25 输入文字

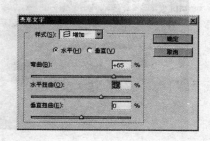

图 12.1.26 "变形文字"对话框

（28）单击 _____确定_____ 按钮，变形文字效果如图 12.1.27 所示。

（29）打开一幅舞字的图像文件，使用移动工具将其移至当前正在编辑的图像中，可生成图层 4，调整图像的大小，效果如图 12.1.28 所示。

图 12.1.27 变形后的文字

图 12.1.28 调整图像

（30）单击工具箱中的"渐变工具"按钮 ，为背景图层添加渐变效果，最终效果如图 12.1.29 所示。

图 12.1.29 渐变效果

（31）单击工具箱中的"横排文字工具"按钮 ，其属性栏设置如图 12.1.30 所示。

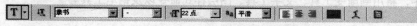

图 12.1.30 "横排文字工具"属性栏

（32）使用文字工具在图像中输入文字，效果如图 12.1.31 所示。

（33）新建图层 5，单击工具箱中的"直线工具"按钮 ，在属性栏中单击"填充像素"按钮 ，设置粗细为 3，在图像中绘制白色的直线，如图 12.1.32 所示。

图 12.1.31　输入文字

图 12.1.32　绘制直线

（34）单击工具箱中的"横排文字工具"按钮 ，在属性栏中设置字体与字号，在图像中输入经销商名称及其他信息，最终效果如图 12.1.1 所示。

综合实例 2　灯箱广告设计

实例内容

本例主要利用所学的内容设计灯箱，最终效果如图 12.2.1 所示。

（a）

（b）

图 12.2.1　最终效果图

设计思路

在制作过程中，将用到渐变工具、文字工具、图层样式命令以及钢笔工具等。

操作步骤

（1）选择 文件(F) → 新建(N)... 命令，弹出"新建"对话框，设置参数如图 12.2.2 所示，设置完成后，单击 确定 按钮，即可新建一个图像文件。

图 12.2.2　"新建"对话框

（2）新建"图层 1"，将前景色设为淡红色（R：241，G：183，B：224），按"Alt+Delete"键进行填充。

（3）按"Ctrl+O"键打开一幅如图 12.2.3 所示的图像，利用移动工具 将人物拖动到新建图像中，自动生成"图层 2"，按"Ctrl+T"键调整其大小及位置，效果如图 12.2.4 所示。

图 12.2.3　打开的人物图像　　　　图 12.2.4　调整人物图像

（4）在图层面板中将图层 1 拖动到图层 2 的上方，然后利用橡皮擦工具在填充后的图像中进行擦除，效果如图 12.2.5 所示。

（5）再打开一幅图像，利用移动工具 将叶子拖动到新建图像中，自动生成"图层 3"，按"Ctrl+T"键调整其大小及位置，效果如图 12.2.6 所示。

图 12.2.5　擦除图像效果　　　　　图 12.2.6　复制并调整图像

（6）选择 编辑(E) → 变换 → 水平翻转(H) 命令，对叶子进行水平翻转。

（7）选择 图层(L) → 图层样式(Y) → 投影(I)... 命令，弹出"图层样式"对话框，设置其对话框参数如图 12.2.7 所示。

（8）设置完成后，单击 确定 按钮，效果如图 12.2.8 所示。

（9）单击工具箱中的"钢笔工具"按钮 ，其属性栏设置如图 12.2.9 所示。

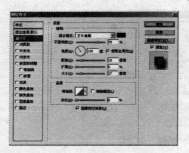

图 12.2.7 "图层样式"对话框

图 12.2.8 添加投影效果

图 12.2.9 "钢笔工具"属性栏

（10）设置完成后，在图像中单击鼠标绘制路径，如图 12.2.10 所示。

（11）将刚才绘制的路径转换为选区，单击通道面板底部的"将选区存储为通道"按钮，即可生成"Alpha 1"通道，如图 12.2.11 所示。

图 12.2.10 绘制路径

图 12.2.11 将选区转换为通道

（12）选择该通道，取消选区，选择 滤镜(T) → 画笔描边 → 喷溅... 命令，弹出"喷溅"对话框，设置参数如图 12.2.12 所示。

（13）设置完成后，单击 确定 按钮，应用喷溅滤镜的效果如图 12.2.13 所示。

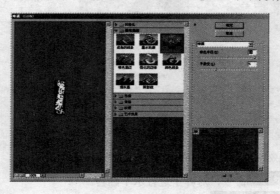

图 12.2.12 "喷溅"对话框

图 12.2.13 应用喷溅滤镜效果

（14）在按住"Ctrl"键的同时单击"Alpha 1"通道，载入其选区。返回到图层面板中，新建"图层 4"，设置前景色为黄色（R：255，G：246，B：127），按"Alt+Delete"键填充选区，如图 12.2.14 所示。

（15）取消选区，单击工具箱中的"直排文字工具"按钮 ，在属性栏中设置字体为"华文新魏"，字号为"36"，在图像中输入文字，并设置文字的颜色为绿色（R：111，G：162，B：46），如图 12.2.15 所示。

图 12.2.14 填充选区效果

图 12.2.15 输入绿色文字

（16）在文字工具属性栏中单击"创建文字变形"按钮 ，弹出"变形文字"对话框，设置参数如图 12.2.16 所示。

（17）设置完成后，单击 确定 按钮，文字变形效果如图 12.2.17 所示。

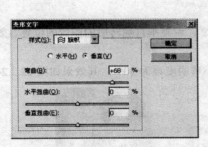
图 12.2.16 "变形文字"对话框

图 12.2.17 变形后的文字

（18）单击工具箱中的"椭圆选框工具"按钮 ，在图像中单击鼠标绘制椭圆选区，如图 12.2.18 所示。

（19）新建"图层 5"，将绘制的椭圆选区填充为黄色（R：255，G：246，B：127），如图 12.2.19 所示。

图 12.2.18 绘制椭圆选区

图 12.2.19 填充选区

（20）按"Ctrl+D"键取消选区，单击工具箱中的"橡皮擦工具"按钮 ，设置其属性栏参数如图 12.2.20 所示。

画笔 ▾ 画笔：80 ▾ 模式：画笔 ▾ 不透明度：100% ▶ 流量：100% ▶ ☐拼到历史记录

图 12.2.20 "橡皮擦工具"属性栏

（21）设置完成后，将"图层 5"作为当前图层，然后利用橡皮擦工具在填充后的椭圆中进行擦除，效果如图 12.2.21 所示。

（22）再打开一幅图像，利用移动工具 将化妆品拖动到新建图像中，自动生成"图层 6"。

（23）按"Ctrl+T"键调整其大小及位置，效果如图 12.2.22 所示。

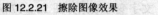

图 12.2.21 擦除图像效果   图 12.2.22 复制并调整图像

（24）复制"图层 6"为"图层 6 副本"，并将其作为当前图层，选择菜单栏中的 编辑(E) → 变换 → 垂直翻转(V) 命令进行垂直翻转。

（25）单击工具箱中的"移动工具"按钮 ，调整垂直翻转后的图像的位置，效果如图 12.2.23 所示。

（26）在图层面板中将"图层 6 副本"的不透明度设为 30%，其效果如图 12.2.24 所示。

图 12.2.23 复制并调整图像效果   图 12.2.24 设置图像不透明度

（27）使用文字工具 ，在图像中输入浅绿色文字（R：126，G：211，B：8）。选择 图层(L) → 图层样式(Y) → 描边(K)... 命令，弹出"图层样式"对话框，设置其对话框参数如图 12.2.25 所示。

（28）设置完成后，单击 确定 按钮，为文字添加白色描边效果，如图 12.2.26 所示。

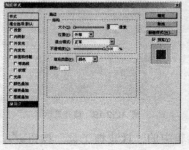

图 12.2.25 "图层样式"对话框   图 12.2.26 添加描边效果

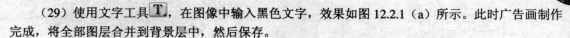

（29）使用文字工具 **T**，在图像中输入黑色文字，效果如图 12.2.1（a）所示。此时广告画制作完成，将全部图层合并到背景层中，然后保存。

（30）再打开一幅灯箱图像，如图 12.2.27 所示。

图 12.2.27 打开的图像

（31）单击工具箱中的"魔棒工具"按钮 ，其属性栏设置如图 12.2.28 所示。

图 12.2.28 "魔棒工具"属性栏

（32）设置完成后，在打开的灯箱广告中单击，创建如图 12.2.29 所示的选区。

（33）激活广告画图像，按"Ctrl+A"键将其全部选取，再选择 编辑(E) → 拷贝(C) 命令，将图像复制到剪贴板中。

（34）再激活灯箱图像文件，选择 编辑(E) → 贴入(I) 命令，将剪贴板中的图像粘贴到选区中，效果如图 12.2.30 所示，按"Ctrl+T"键执行自由变换命令，调整图像大小及位置。

图 12.2.29 创建的选区　　　　　图 12.2.30 贴入图像效果

（35）选择 编辑(E) → 变换 → 扭曲(D) 命令，对灯箱平面图像进行扭曲处理，最终效果如图 12.2.1（b）所示。

综合实例 3 公司 VI 设计

实例内容

本例将设计公司 VI 效果，最终效果如图 12.3.1 所示。

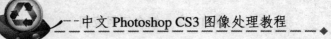

（a）

（b）

图 12.3.1　最终效果图

设计思路

在制作过程中，将用到钢笔工具、渐变工具、矩形选框工具、圆角矩形工具、直线工具、文字工具以及画笔工具等。

操作步骤

（1）选择 文件(F) → 新建(N)... 命令，弹出"新建"对话框，设置参数如图 12.3.2 所示，设置完成后，单击 确定 按钮，即可新建一个图像文件。

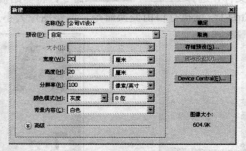

图 12.3.2　"新建"对话框

（2）单击工具箱中的"椭圆选框工具"按钮 ，其属性栏设置如图 12.3.3 所示。

图 12.3.3　"椭圆选框工具"属性栏

（3）设置完成后，在图像中单击并拖动鼠标，绘制如图 12.3.4 所示的选区，并将前景色设置为浅绿色（R：17，G：239，B：17），按"Alt+Delete"键填充选区，效果如图 12.3.5 所示。

图 12.3.4　绘制的选区

图 12.3.5　填充选区效果

（4）选择 选择(S) → 变换选区 (T) 命令，对选区进行变换（见图 12.3.6），新建图层 2，将选区填充为红色（R：242，G：62，B：227），如图 12.3.7 所示。

图 12.3.6　变换选区效果　　　　图 12.3.7　填充选区效果

（5）重复步骤（4）的操作，对选区进行变换，新建图层 3，将选区填充为蓝色（R：53，G：17，B：239），如图 12.3.8 所示。

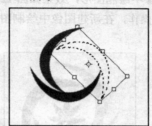

图 12.3.8　变换选区并填充

（6）新建图层 4，设置前景色为红色，单击工具箱中的"自定形状工具"按钮 ，其属性栏设置如图 12.3.9 所示。

图 12.3.9　"自定形状工具"属性栏

（7）设置完成后，在图像中单击鼠标，绘制如图 12.3.10 所示的图像。

（8）合并除背景层以外的所有图层为图层 1，按"Ctrl+T"键对其大小及位置进行调整，如图 12.3.11 所示。

图 12.3.10　绘制的图像　　　　图 12.3.11　调整图像大小及位置

（9）按"Enter"键确认变换操作，单击工具箱中的"画笔工具"按钮 ，其属性栏设置如图 12.3.12 所示。

图 12.3.12　"画笔工具"属性栏

（10）设置完成后，新建图层 2，在图像中绘制如图 12.3.13 所示的图形。

图 12.3.13　使用画笔绘制图像

（11）单击工具箱中的"画笔工具"按钮，其属性栏设置如图 12.3.14 所示。

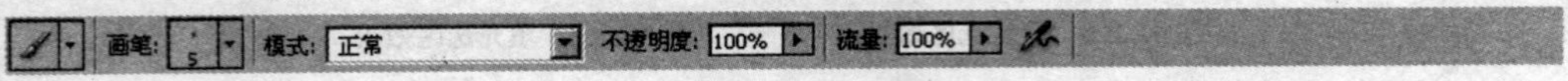

图 12.3.14　"画笔工具"属性栏

（12）设置好参数后，使用画笔工具在新建图像中绘制图形，效果如图 12.3.15 所示。

（13）新建图层 3，重复步骤（9）～（12）的操作，在新建图像中绘制图形，效果如图 12.3.16 所示。

图 12.3.15　使用画笔绘制图像

图 12.3.16　使用画笔绘制图像

（14）新建图层 4，设置前景色为天蓝色，单击工具箱中的"自定形状工具"按钮，其属性栏设置如图 12.3.17 所示。

图 12.3.17　"自定形状工具"属性栏

（15）设置完成后，在图像中单击鼠标，绘制如图 12.3.18 所示的图像。

（16）在图层面板中将图层 4 拖至图层 1 的下方，效果如图 12.3.19 所示。

图 12.3.18　绘制图像效果

图 12.3.19　更改图层位置效果

（17）此时企业标志制作完成，合并除背景图层以外的图层，得到"图层 1"，并将其隐藏。

（18）新建"图层 2"，单击工具箱中的"矩形选框工具"按钮，在图像中绘制一个标准信封大小的选区。

（19）设置前景色为白色，按"Alt+Delete"键填充选区为白色，然后选择 编辑(E)→描边(S)… 命令，弹出"描边"对话框，设置参数如图 12.3.20 所示。

（20）设置完成后，单击 **确定** 按钮，可为选区描边，如图 12.3.21 所示。

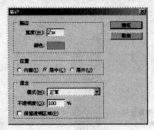

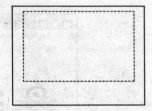

图 12.3.20 "描边"对话框　　　　图 12.3.21 描边效果

（21）取消选区，将"图层 1"作为当前可编辑图层，按"Ctrl+T"键调整其大小与位置，如图 12.3.22 所示。

（22）设置前景色为黑色，单击工具箱中的"横排文字工具"按钮 **T**，在属性栏中设置字体与字号，在图像中输入文字"西安锡兰印务有限公司"，如图 12.3.23 所示。

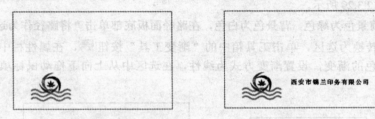

图 12.3.22 调整图像大小与位置　　　　图 12.3.23 输入文字

（23）单击工具箱中的"横排文字工具"按钮 **T**，在属性栏中设置字体与字号，在图像中输入公司地址与电话等，如图 12.3.24 所示。

（24）新建"图层 3"，单击工具箱中的"矩形选框工具"按钮，在图像中沿信封右侧创建一个矩形选区，如图 12.3.25 所示。

图 12.3.24 输入地址与电话　　　　图 12.3.25 创建选区

（25）设置背景色为浅绿色，按"Ctrl+Delete"键填充选区，如图 12.3.26 所示。

（26）选择 **编辑(E)** → **变换** → **扭曲(D)** 命令，对填充后的矩形进行如图 12.3.27 所示的变形。

图 12.3.26 填充选区　　　　图 12.3.27 扭曲图像

（27）新建"图层 4"，使用矩形选框工具创建邮政编码框和邮票框，并对其进行描边处理，效果如图 12.3.28 所示。

图 12.3.28　制作信封的其他部分

（28）再打开一幅图像文件，使用移动工具将其移动到新建图像中，并调整其大小和位置，效果如图 12.3.1（a）所示。

（29）新建"图层 5"，单击工具箱中的"圆角矩形工具"按钮，在图像中拖动鼠标绘制圆角矩形路径，如图 12.3.29 所示。

（30）设置前景色为绿色，背景色为白色，在路径面板底部单击"将路径作为选区载入"按钮，可将路径转换为选区，单击工具箱中的"渐变工具"按钮，在属性栏中设置填充颜色为前景色到背景色的渐变，设置渐变方式为线性，在选区中从上向下拖动鼠标填充渐变，如图 12.3.30 所示。

图 12.3.29　绘制圆角矩形

图 12.3.30　填充渐变

（31）选择 编辑(E) → 描边(S)... 命令，弹出"描边"对话框，设置参数如图 12.3.31 所示。

（32）设置完参数后，单击 确定 按钮，对其进行描边处理，效果如图 12.3.32 所示。

图 12.3.31　"描边"对话框

图 12.3.32　描边效果

（33）新建"图层 6"，单击工具箱中的"钢笔工具"按钮，在图像中绘制一个路径并将其转换为选区，效果如图 12.3.33 所示。

（34）设置前景色为浅绿色，按"Alt+Delete"键填充选区，效果如图 12.3.34 所示。

（35）复制"图层 6"为"图层 6 副本"，并将其作为当前可编辑图层，按"Ctrl+T"键调整其大小及位置。

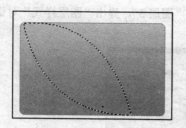
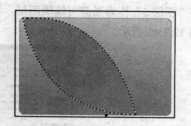

图 12.3.33 将路径转换为选区　　　　图 12.3.34 填充选区

（36）设置前景色为白色，按"Alt+Delete"键填充选区，并使用移动工具将其移至如图 12.3.35 所示的位置。

（37）复制"图层 1"为"图层 1 副本"，按"Ctrl+T"键调整其大小及位置，如图 12.3.36 所示。

图 12.3.35 填充选区　　　　图 12.3.36 复制并调整图像

（38）单击工具箱中的"横排文字工具"按钮，在属性栏中设置参数如图 12.3.37 所示。

图 12.3.37 "文字工具"属性栏

（39）设置完成后，在新建图像中输入文字"优惠卡"，效果如图 12.3.38 所示。

（40）打开一幅图像文件，使用移动工具将其拖曳到新建图像中，调整其大小及位置，效果如图 12.3.39 所示。

图 12.3.38 输入文字　　　　图 12.3.39 复制并调整其图像

（41）在图层面板中设置其图层模式为"正片叠底"，效果如图 12.3.40 所示。

（42）设置前景色为黑色，在图像中输入其卡号及公司名称，效果如图 12.3.41 所示。

图 12.3.40 输入文字　　　　图 12.3.41 输入的文字

（43）将"图层 5"作为当前可编辑图层，双击"图层 5"，弹出"图层样式"对话框，设置其对话框参数如图 12.3.42 所示。

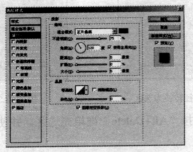

图 12.3.42 "图层样式"对话框

（44）设置完参数后，单击 **确定** 按钮，公司 VI 最终效果如图 12.3.1（b）所示。

综合实例 4　DM 传单设计

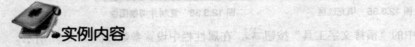

实例内容

本例将设计 DM 传单，最终效果如图 12.4.1 所示。

图 12.4.1 最终效果图

设计思路

在制作过程中，主要用到渐变工具、钢笔工具、矩形选框工具、椭圆选框工具、动感模糊滤镜、变形功能以及文本工具等。

操作步骤

（1）按"Ctrl+N"键，弹出 **新建** 对话框，设置其对话框参数如图 12.4.2 所示。

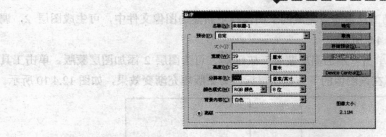

图 12.4.2 "新建"对话框

（2）单击 确定 按钮，可新建一个图像文件。

（3）按"Ctrl+R"键打开标尺，沿垂直标尺拖曳出一条辅助线，如图 12.4.3 所示。

（4）新建图层 1，单击工具箱中的"矩形选框工具"按钮 ，在图像中拖动鼠标绘制矩形选区，如图 12.4.4 所示。

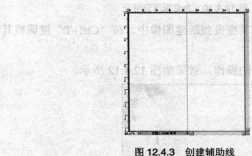

图 12.4.3 创建辅助线

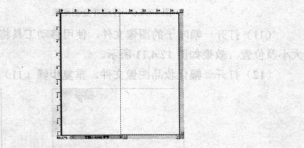

图 12.4.4 绘制矩形选区

（5）设置前景色为浅绿色，背景色为白色，单击工具箱中的"渐变工具"按钮 ，在选区中从下向上拖动鼠标填充渐变，效果如图 12.4.5 所示。

（6）按"Ctrl+D"键取消选区，按"Ctrl+O"键打开一幅水图像文件，如图 12.4.6 所示。

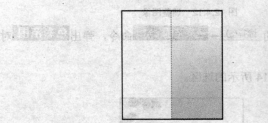

图 12.4.5 填充渐变

图 12.4.6 打开的文件图像

（7）选择菜单栏中的 图像(I) → 调整(A) → 色相/饱和度(H)... 命令，弹出 色相/饱和度 对话框，设置参数如图 12.4.7 所示。

（8）单击 确定 按钮，调整图像的色相/饱和度后的效果如图 12.4.8 所示。

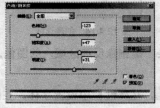

图 12.4.7 "色相/饱和度"对话框

图 12.4.8 调整色相/饱和度后的效果

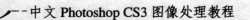

（9）使用工具箱中的移动工具将修复完成的水图像移至新建的图像文件中，可生成图层 2，调整图像的大小与位置，如图 12.4.9 所示。

（10）在"图层×"面板底部单击"添加图层蒙版"按钮，可为图层 2 添加图层蒙版。单击工具箱中的"渐变工具"按钮，在该图像的下方拖动鼠标，为蒙版填充渐变效果，如图 12.4.10 所示。

图 12.4.9　移动并复制图像　　　图 12.4.10　为蒙版填充渐变

（11）打开一幅叶子的图像文件，使用移动工具将其拖曳到新建图像中，按"Ctrl+T"键调整其大小及位置，效果如图 12.4.11 所示。

（12）打开一幅化妆品图像文件，重复步骤（11）的操作，效果如图 12.4.12 所示。

图 12.4.11　复制并移动图像　　　图 12.4.12　调整图像

（13）将图层 2 拖曳到最上方，选择菜单栏中的"选择(S)"→"色彩范围(C)…"命令，弹出"色彩范围"对话框，设置参数如图 12.4.13 所示。

（14）单击"确定"按钮，可创建如图 12.4.14 所示的选区。

图 12.4.13　"色彩范围"对话框　　　图 12.4.14　创建选区

（15）按"Shift+Ctrl+I"键反选选区，按"Delete"键删除反选区域内的图像，效果如图 12.4.15 所示。

（16）单击工具箱中的"直排文字工具"按钮，在属性栏中设置字体，在图像中输入文字，并调整其颜色与字体，如图 12.4.16 所示。

图 12.4.15　删除选区内的图像　　　图 12.4.16　输入的文字

（17）在文字工具属性栏中单击"创建文字变形"按钮，弹出 变形文字 对话框，设置参数如图 12.4.17 所示。

（18）单击 确定 按钮，文字变形后的效果如图 12.4.18 所示。

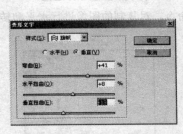 

图 12.4.17　"变形文字"对话框　　　图 12.4.18　文字变形后的效果

（19）选择菜单栏中的 图层(L) → 图层样式(Y) → 描边(K)... 命令，弹出 图层样式 对话框，设置描边颜色为白色，设置其他参数如图 12.4.19 所示。

（20）单击 确定 按钮，描边后的效果如图 12.4.20 所示。

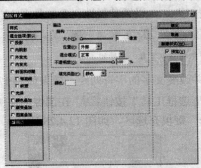 

图 12.4.19　"图层样式"对话框　　　图 12.4.20　描边后的效果

（21）单击工具箱中的"横排文字工具"按钮 T ，在属性栏中设置字体，在图像中输入文字，如图 12.4.21 所示。

图 12.4.21　"横排文字工具"属性栏

（22）设置完成后，在图像中输入化妆品名称，如图 12.4.22 所示。

（23）单击工具箱中的"椭圆选框工具"按钮 ，在新建图像中绘制一个椭圆形选区，效果如图 12.4.23 所示。

图 12.4.22　输入文字　　　　　　　图 12.4.23　绘制选区

（24）新建图层 5 单击工具箱中的"渐变工具"按钮 ，从左向右拖动鼠标，将选区填充为深绿色到白色的渐变，效果如图 12.4.24 所示。

（25）复制图层 5 为图层 5 副本，使用移动工具将其移至适当的位置。

（26）选择 编辑(E) → 变换 → 水平翻转(H) 命令，对复制的图像进行水平翻转，效果如图 12.4.25 所示。

图 12.4.24　填充选区　　　　　　　图 12.4.25　水平翻转图像

（27）单击工具箱中的"横排文字工具"按钮 T ，设置其属性栏参数如图 12.4.26 所示。

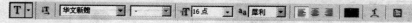

图 12.4.26　"横排文字工具"属性栏

（28）设置完成后，在图像中输入文字，并改变文字的字符间距，效果如图 12.4.27 所示。

（29）新建图层 6，单击工具箱中的"矩形选框工具"按钮 ，在图像的左侧拖动鼠标绘制矩形选区，设置前景色为淡绿色，按"Alt+Delete"键填充选区，如图 12.4.28 所示。

图 12.4.27　输入文字并设置　　　　图 12.4.28　绘制选区并填充

（30）按"Ctrl+D"键取消选区，单击工具箱中的"钢笔工具"按钮 ，在图像中绘制如图 12.4.29 所示的封闭路径。

图 12.4.29 绘制路径

（31）在 路径× 面板底部单击"将路径作为选区载入"按钮 ，可将路径转换为选区，新建图层 7，设置前景色为白色，按"Alt+Delete"键填充选区，如图 12.4.30 所示。

（32）保持选区，在矩形选框工具属性栏中单击"从选区中减去"按钮 ，在原选区上拖动鼠标，去掉不需要的选区，如图 12.4.31 所示。

图 12.4.30 填充选区   图 12.4.31 去掉不需要的选区

（33）新建图层 7，设置前景色为浅绿色，按"Alt+Delete"键填充选区，如图 12.4.32 所示。

（34）按"Ctrl+D"键取消选区，新建图层 8，单击工具箱中的"椭圆选框工具"按钮 ，在图像中绘制圆形选区，如图 12.4.33 所示。

图 12.4.32 填充选区   图 12.4.33 绘制圆形选区

（35）设置前景色为深绿色，背景色为白色，单击工具箱中的"渐变工具"按钮 ，其属性栏设置如图 12.4.34 所示。

图 12.4.34 "渐变工具"属性栏

（36）设置完成后，在图像中从下向上拖曳鼠标填充渐变，效果如图 12.4.35 所示。

（37）复制图层 8 为图层 8 副本，选择图层 8 副本，将该图像垂直翻转，并调整其大小与位置，效果如图 12.4.36 所示。

图 12.4.35 填充渐变　　　　　　图 12.4.36 变换复制的图像

（38）按"Ctrl+E"键可将图层 8 副本合并到图层 8 中，使用移动工具将图层 8 移至图像的适当位置，如图 12.4.37 所示。

（39）将图层 8 复制两个副本，并分别将其摆放在如图 12.4.38 所示的位置。

图 12.4.37 移动图像位置　　　　　图 12.4.38 复制并移动图像

（40）设置前景色为黑色，单击工具箱中的"横排文字工具"按钮 **T**，在属性栏中设置字体与字号，在图像中输入相关文字，如图 12.4.39 所示。

（41）再使用文字工具在图像中输入如图 12.4.40 所示的文字。

图 12.4.39 输入文字　　　　　　　图 12.4.40 输入文字

（42）双击文字图层，弹出"图层样式"对话框，为文字添加渐变叠加和描边效果，设置其对话框参数如图 12.4.41 所示。

（43）设置完成后，单击 确定 按钮，效果如图 12.4.42 所示。

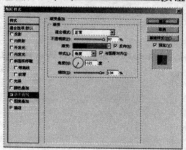

图 12.4.41 "图层样式"对话框

图 12.4.42 给文字添加图层样式效果

（44）设置前景色为黑色，单击工具箱中的"横排文字工具"按钮 **T**，在图像中输入化妆品说明，效果如图 12.4.43 所示。

（45）设置前景色为黑色，使用文字工具在图像中输入网址及联系方式，效果如图 12.4.44 所示。

图 12.4.43 输入说明文字

图 12.4.44 输入网址及联系方式

（46）按"Ctrl+R"键隐藏标尺，按"Ctrl+H"键隐藏辅助线，DM 传单设计制作完成，最终效果如图 12.4.1 所示。

综合实例 5 建筑图后期处理

实例内容

本例将对建筑图进行后期处理，最终效果如图 12.5.1 所示。

图 12.5.1 最终效果图

设计思路

在本例的制作过程中，主要用到矩形选框工具、套索工具、橡皮擦工具、移动工具、渐变工具以及羽化命令等。

操作步骤

（1）打开一幅需要处理的建筑图像文件，如图 12.5.2 所示。

图 12.5.2　打开的图像

（2）再打开一幅草地图像文件，单击工具箱中的"移动工具"按钮，将其移至建筑图像中，可自动生成图层 1，如图 12.5.3 所示。

图 12.5.3　调整图像

（3）新建图层 2，将其移至背景层与图层 1 之间，确认图层 2 为当前可编辑图层，单击工具箱中的"渐变工具"按钮，在属性栏中设置渐变色为白色到透明色的渐变，设置渐变方式为线性，然后在图像中从下向上垂直拖动鼠标填充渐变。

（4）再打开一幅距离较近的草地图像文件，如图 12.5.4 所示。

（5）使用移动工具将其拖曳到当前正在编辑的图像文件中，可自动生成图层 3，调整图像大小与位置。

（6）单击工具箱中的"橡皮擦工具"按钮，对图层 3 中的图像进行擦除，如图 12.5.5 所示。

（7）单击工具箱中的"矩形选框工具"按钮，在图像中拖动鼠标绘制选区，如图 12.5.6 所示。

（8）按"Ctrl+C"键复制选区内图像，自动生成图层 3 副本，使用移动工具将其移至如图 12.5.7 所示的位置。

图 12.5.4　打开的图像

图 12.5.5　擦除图像

图 12.5.6　创建选区

图 12.5.7　复制并移动图像

（9）重复步骤（8）的操作，可得到图层 3 副本 1，使用移动工具将其移至适当的位置，效果如图 12.5.8 所示。

（10）将图层 3 作为当前可编辑图层，单击工具箱中的"仿制图章工具"按钮，对草地图像进行修饰，效果如图 12.5.9 所示。

图 12.5.8　图层 3 副本 1

图 12.5.9　修饰图像

（11）打开一幅人物图像，如图 12.5.10 所示。

（12）单击工具箱中的"快速选择工具"按钮，创建如图 12.5.11 所示的选区。

图 12.5.10　打开的人物图像

图 12.5.11　创建选区

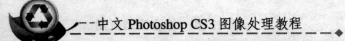

（13）选择 选择(S) → 修改(M) → 收缩(C)... 命令，对选区内的图像进行收缩。

（14）按"Ctrl+Shift+I"键，对选区进行反选，再按"Delete"键删除选区内图像，效果如图 12.5.12 所示。

（15）单击工具箱中的"橡皮擦工具"按钮，对图像中的杂点进行擦除。

（16）按"Ctrl+C"键复制选区内图像，自动生成图层 4，使用移动工具将其移至新建图像中，并调整其图像的大小及位置，效果如图 12.5.13 所示。

图 12.5.12　删除选区内图像　　　　图 12.5.13　复制并移动图像

（17）再打开一幅动物图像文件，重复步骤（15）和（16）的操作，对图像进行擦除、复制和移动，最终效果如图 12.5.1 所示。